山西通用航空职业技术学院"十四五"系列规划教材

通用航空概论

Introduction to General Aviation

主　编：雷晓锋

副主编：冯巨龙　郭丽媛　穆　翔

北京航空航天大学出版社
BEIHANG UNIVERSITY PRESS

图书在版编目（CIP）数据

通用航空概论 / 雷晓锋主编；冯巨龙，郭丽媛，穆翔副主编 . —北京：北京航空航天大学出版社，2022.12

ISBN 978-7-5124-3988-7

Ⅰ . ①通… Ⅱ .①雷… ②冯… ③郭… ④穆… Ⅲ .①航空学—概论 Ⅳ .① V2

中国版本图书馆 CIP 数据核字（2022）第 252762 号

通用航空概论

责任编辑：李　帆

责任印制：秦　赟

出版发行：北京航空航天大学出版社

地　　址：北京市海淀区学院路37号（100191）

电　　话：010-82317023（编辑部）　　010-82317024（发行部）

　　　　　010-82316936（邮购部）

网　　址：http://www.buaapress.com.cn

读者信箱：bhxszx@163.com

印　　刷：艺堂印刷（天津）有限公司

开　　本：710mm×1000mm　1/16

印　　张：22.75

字　　数：300千字

版　　次：2022年12月第1版

印　　次：2023年8月第2次印刷

定　　价：98.00元

前　言

国务院办公厅《关于促进通用航空业发展的指导意见》指出，通用航空业是以通用航空飞行活动为核心，涵盖通用航空器研发制造、市场运营、综合保障以及延伸服务等全产业链的战略性新兴产业体系，具有产业链条长、服务领域广、带动作用强等特点。

近年来，为了大力发展通用航空，从政府层面看，行业主管部门大力推进"放管服"改革，密集出台近百个促进通用航空发展的政策文件，"一揽子"修订涉及经营许可等方面的十余部规章，不断激发市场主体活力，促进通用航空高质量发展。广东、湖南、四川、江西、安徽、山西、海南等省也纷纷大力发展通用航空产业，使其形成了较好的发展局面。从市场层面看，"十三五"期间，我国通用航空业取得快速发展，保持了良好发展势头。

根据中国民用航空局（简称"民航局"）公布的相关数据，我国通用航空在"十三五"期间实现历史性跨越。通用航空飞行量从2015年的77.8万小时增至2020年的98.4万小时（2020年受新冠疫情影响略有回落，2019年的飞行量为106.5万小时），如果加入无人机飞行量，2020年达到280万小时。在册通用机场339个，超过颁证运输机场数量。全国经营性通航企业达523家，较2015年的201家新增322家。通用及小型运输航空公司航空器数量共计2461架，另外飞行学院航空器数量280架，总计2741架。全行业注册无人机达52.36万架，实名注册用户超38万个。受新冠疫情影响，通用航空发展受到一定延滞，但从长远来看，我国通用航空仍具有巨大的发展潜力和美好的发展前景。

《"十四五"民用航空发展规划》中关于民用航空发展思路的论述指出，要持续推动运输航空和通用航空"两翼齐飞"协调发展，关于通用航空的发展指标方面提出，通用航空飞行总量要由2020年的281万小时（含云系统无人机飞行量183万小时），提高至2025年的450万小时（含云系统无人机飞行量250万小时）。在具体举措方面，规划的第十五章用四个章节就持续增强服务保障能力、着力提升通航服务水平、大力引导无人机创新发展、持续优化通航发展环境等进行阐述，为推动通用航空高质量发展指明方向和路径。

在全国各地大力推动通用航空发展的大背景下，山西省抢抓历史机遇、勇挑发展使命，将通用航空作为全省着力打造的十四个标志性引领性产业集群之一，着力打造通用航空发展的山西样板，为全国通用航空业发展探出路子、做好示范，为全省转型发展注入新的动力、开拓更广阔的空间。2019年1月，山西省获批国家通用航空业发展示范省。为给全省通用航空产业培养更多高水平的技能型、应用型人才，山西通用航空职业技术学院应运而生。学院是山西省首所航空类公办高职院校，于2020年5月11日取得教育部备案，办学规模6000人，重点布局无人机、航空维修、航空机务与运输、通航＋人工智能四个专业集群，现有专业13个，形成了比较完善的通用航空职业技术职业教育体系。

　　根据学院办学定位以及"十四五"教材规划、人才培养方案，为了加强通用航空基础教育教学工作，学院将《通用航空概论》课程列为重点建设的公共专业基础课，将《通用航空概论》教材列为学院"十四五"规划系列教材之一，并成立以雷晓锋院长为组长的教材编写组，充分调研和借鉴兄弟院校教学经验，认真开展教材编写工作。

　　本书共有前言、通用航空发展概况、飞行原理、通用航空器、低空空域管理、通用机场、通用航空固定运营基地 FBO、通用航空器适航与维修、飞行教育与培训、通用航空安全、通用航空文化与科普 11 个部分，编写组四位成员的分工如下。

　　雷晓锋，副研究员、工学博士，研究方向为通用航空、航空教育、高等教育，负责本书整体策划、统稿工作，具体负责本书前言、第一章通用航空发展概况、第二章飞行原理、第三章通用航空器、第八章飞行教育与培训的编写工作，独立完成约 10 万字。

　　冯巨龙，工学硕士，研究方向为通用航空，主要负责本书第六章通用航空固定运营基地 FBO、第七章通用航空器适航与维修的编写工作，独立完成约 5.6 万字。

　　郭丽媛，理学硕士，研究方向为通用航空，主要负责本书第五章通用机场、第十章通用航空文化与科普的编写工作，独立完成约 6 万字。

　　穆翔，经济学硕士，研究方向为通用航空，主要负责本书第四章低空空域管理、第九章通用航空安全的编写工作，独立完成约 7.6 万字。

　　本书编写过程中，参考了大量民航规章、文献资料和兄弟单位、院校的有关教学资料，在此谨对原作者深表感谢。本书涉及通用航空全产业链条的多个领域，专业性强，覆盖面广，鉴于编者水平有限，如有不当之处，恳请读者予以批评指正。在这里，衷心感谢关心和支持山西通用航空职业技术学院发展的各界人士，感谢北京航空航天大学出版社领导和编辑们的辛勤工作。

编者

2022年12月

目 录

第 1 章

通用航空发展概况

1.1　航空基本概念

　　像鸟儿一样翱翔天空是人类很久以来的梦想。从东西方古籍中关于飞行的故事，到中国人对于风筝的使用，再到早期飞行理论的探索，一直到一百多年前人类真正操控飞行器脱离地面、飞向天空，人类在不断拓展自己的活动空间，追逐飞行的梦想。经过百余年的快速发展，人类对航空的认识更加清晰，航空也逐渐走进百姓生活，成为人类文明发展进步的重要成果之一。

　　航空的英文"aviation"一词来源于拉丁文鸟（avia）或空气（aero）。航空在《中国大百科全书》中的解释为一种复杂而有战略意义的人类活动，指飞行器在地球大气层（空气空间）中的飞行（航行）活动。一般认为，航空必须具备空气介质和克服航空器自身重力的升力，航空器一般在大气层内飞行。飞行器在大气层之外的航行活动，则属于航天的范畴。从科学技术的角度看，航空与航天之间是紧密联系的，两者统称的航空航天技术，是高度综合的现代科学技术。

　　航空有军用航空和民用航空之分。军用航空是指用于军事目的的一切航空活动，主要包括作战、侦察、运输、警戒、训练和联络救生等方面。夺取制空权是现代战争取胜的重要手段，也是军用航空的主要活动。中国百姓广为关注的"20"系列家族，包括歼-20战斗机、运-20大型运输机、直-20直升机等，都属于军事航空范畴。民用航空泛指利用各类航空器用于非军事飞行的活动，它方便了人类通行，提升了货物贸易的速度与效率，推动了国民经济发展和社会的进步。国家推动 ARJ-21、C919、C929大飞机的生产制造，人们选择搭乘不同航空公司的航班出行、选择在合适的天气开展高度跳伞体验，飞机用于农林植保等都属于民用航空活动。

随着社会的经济发展和技术进步，航空在现代社会的政治、经济和文化生活中占据着重要地位，发挥着十分重要的作用。

航空产业是一个国家国民经济发展的重要组成部分。航空产业体量规模较大，带动效应明显，是技术、人才、资本集聚化程度较高的产业，具有产业链条长、服务领域广、带动作用强等特点，能够有效促进社会经济的快速发展。同时，航空制造业对工业化、科技创新能力、人才水平具有高度聚集效应，也是国家制造业水平的重要体现。

航空运输作为交通运输的重要组成部分，与其他交通运输方式分工协作、相辅相成，共同满足社会对运输的需求，特别是满足长距离运输的需求，成为国际、洲际间运输的重要工具。虽然，2019年的新冠疫情对航空运输带来巨大影响，但是，随着疫情被逐渐有效控制，航空运输的作用又会得到相应的展现。

航空有效促进全球经济、文化的交流互通和共同发展。航空的高速和高效使得全球人员流动更加便捷。据国际民航组织（ICAO）统计，2019年超过15亿人次通过航空开展跨国境流动活动。航空跨境活动极大地带动了旅游、文化等产业的发展，促进了不同国家和地区的相互了解和文明互通。因此，航空也成为衡量一个地区对外开放和包容程度的重要标志。

※ 学习记忆点：航空

在《中国大百科全书》中的解释为一种复杂而有战略意义的人类活动，指飞行器在地球大气层（空气空间）中的飞行（航行）活动。

1.2 通用航空基本概念

1.2.1 通用航空的定义

目前，对于通用航空的定义，各国和各行业组织的说法不一，世界上还没有一个严格统一的定义。一般认为，根据不同的飞行目的，民用航空分为商业航空和通用航空两大类。我们可以认为，通用航空的范围是指除了定期航班（商业航空）之外的民用航空活动。

1985年，国际民航组织（ICAO）《国际民用航空组织用语及定义》对通用航空的定义为：定期航班和用于取酬的或租用合同下进行的不定期航空运输之外的任何民用航空活动。

1986年之前，我国将通用航空称为"专业飞行"。根据1981年《中国民用航空专业飞行工作细则》的规定，专业飞行是指用装有专用设备的飞机进行农业、林业、航空探矿、航空摄影、海上飞行、人工降雨等作业项目的飞行。1986年，《国务院关于通用航空管理的暂行规定》（国发〔1986〕2号）中，正式将"专业飞行"改名为"通用航空"，明确了通用航空行业管理机构、从事通用航空活动需要履行的报批手续、从事通用航空经营活动的审批管理程序和要求等。

目前，国内对通用航空的定义主要有以下几种。

1.《国务院关于通用航空管理的暂行规定》（1986年）的定义

凡使用民用航空器从事为工业、农业、林业、牧业、渔业生产和国家建设服务的作业飞行，以及从事医疗卫生、抢险救灾、海洋及环境监测、科学实验、教育训练、文化体育及游览等项飞行活动，统称通用航空。

2.《中华人民共和国通用航空飞行管制条例》（2003年）的定义

通用航空是指除军事、警务、海关缉私飞行和公共航空运输飞行以外的航空活动，包括从事工业、农业、林业、渔业、矿业、建筑业的作业飞行和医疗卫生、抢险救灾、气象探测、海洋监测、科学实验、遥感测绘、教育训练、文化体育、旅游观光等方面的飞行活动。

3.《通用航空术语》（MH/T 1039-2011）（2012年）的定义

中华人民共和国民用航空行业标准《通用航空术语》（MH/T 1039-2011）对通用航空的定义为：除军事、警务、海关缉私飞行和公共航空运输飞行以外的航空活动。

4.《国务院办公厅关于促进通用航空业发展的指导意见》（国办发〔2016〕38号）（2016年）的定义

通用航空业是以通用航空飞行活动为核心，涵盖通用航空器研发制造、市场运营、综合保障以及延伸服务等全产业链的战略性新兴产业体系，具有产业链条长、服务领域广、带动作用强等特点。

5.《通用航空经营许可管理规定》（2020年）的定义

《通用航空经营许可管理规定》（中华人民共和国交通运输部令〔2020〕18号）并未直接对通用航空进行定义，而是将通用航空业务分为三类，分别为：载客类、载人类、其他类。

6.《中华人民共和国民用航空法》（2021年）的定义

通用航空，是指使用民用航空器从事公共航空运输以外的民用航空活动，包括从事工业、农业、林业、渔业和建筑业的作业飞行以及医疗卫生、抢险救灾、气象探测、海洋监测、科学实验、教育训练、文化体育等方面的飞行活动。

※ 学习记忆点：一句话解释通用航空

一般认为，通用航空是指使用民用航空器从事公共航空运输以外的民用航空活动。

1.2.2 通用航空的分类

从通用航空的定义及实际应用场景来看，通用航空的应用范围十分广泛，可按照不同的分类类型进行分类。

1.按照业务类型

按照交通运输部最新颁布的《通用航空经营许可管理规定》（交通运输部令［2020］18号），经营性通用航空活动分为载客类、载人类、其他类三类。

（1）载客类是指通用航空企业使用符合民航局规定的民用航空器，从事旅客运输的经营性飞行服务活动。

（2）载人类是指通用航空企业使用符合民航局规定的民用航空器，搭载除机组成员以及飞行活动必需人员以外的其他乘员，从事载客类以外的经营性飞行服务活动。

（3）其他类是指通用航空企业使用符合民航局规定的民用航空器，从事载客类、载人类以外的经营性飞行服务活动。

载客类经营活动主要类型包括通用航空短途运输和通用航空包机飞行。载人类、其他类经营活动的主要类型由民航局另行规定。

2.按照经营项目

在2016年修订的《通用航空经营许可管理规定》中，通用航空按照开展经营项目的企业应当取得通用航空经营许可的类型进行分类。

（1）甲类：通用航空包机飞行、石油服务、直升机引航、医疗救护、商用驾驶员执照培训。

（2）乙类：空中游览、直升机机外载荷飞行、人工降水、航空探矿、航空摄影、海洋监测、渔业飞行、城市消防、空中巡查、电力作业、航空器代管、跳伞飞行服务。

（3）丙类：私用驾驶员执照培训、航空护林、航空喷洒（撒）、空中拍照、空中广告、科学实验、气象探测。

（4）丁类：使用具有标准适航证的载人自由气球、飞艇开展空中游览；使用具有特殊适航证的航空器开展航空表演飞行、个人娱乐飞行、运动驾驶员执照培训、航空喷洒（撒）、电力作业等经营项目。

其他需经许可的经营项目，由民航局确定。抢险救灾不受上述项目的划分限制，按照民航局的有关规定执行。

※ 学习记忆点：通用航空活动分类

按照 2020 年最新颁布的《通用航空经营许可管理规定》，经营性通用航空活动分为载客类、载人类、其他类三类。

1.2.3 通用航空的属性与特征

1. 通用航空的属性

《国务院办公厅关于促进通用航空业发展的指导意见》（国办发〔2016〕38号）指出，通用航空业是以通用航空飞行活动为核心，涵盖通用航空器研发制造、市场运营、综合保障以及延伸服务等全产业链的战略性新兴产业体系，具有产业链条长、服务领域广、带动作用强等特点。综合分析来看，通用航空具有经济属性、社会属性和自然属性三种属性。

（1）经济属性

通用航空活动中，为了满足人们对通用航空持续增长的多样化、个性化市场需求，有超过一半是经营性通用航空活动，其最终目标是获取经济利益、创造经济收益，而这些收益又有相当大部分通过支持研发制造、购买航空器、保障日常飞行运行、开发更多通航新产品等方式，投入到维护通用航空健康发展的过程中，从而进一步促进通用航空发展壮大，并带动了相关业态的发展，进而促进通用航空产业体系的建立、完善和高质量发展。这是通用航空经济属性的重要体现。

（2）社会属性

通用航空活动中，为了满足社会公共服务对通用航空的专门化、定制化需求，有部分通用航空活动不以营利为目的，以其高效、快捷等特点，在农林航空、人工降雨、环境监测、医疗救护、城市消防等社会公益服务性活动中发挥着不可替代的作用。这是通用航空社会属性的重要体现。

（3）自然属性

飞行活动的开展一定要遵循飞行的基本规律和规则。比如，固定翼飞机的飞行原理，直升机的飞行原理等，这是人类在探索飞行梦想过程中始终要把握的理论规律基础。此外，作为一种社会生产和服务活动，通用航空的发展有其内在的发展规律性，这些规律性也是其自然属性的表现形式。

2. 通用航空的特征

通用航空是民用航空的重要组成部分，通用航空首先应该具备民航运输的主要特征。

（1）民航运输的特征

民航运输是航空、铁路、公路、水路和管道运输五大现代运输方式之一。

作为交通运输这个大系统中的子系统，民航运输除了具备交通运输业共同的特点（不创造新的物质产品，所出售的只是场所的变动，运输生产的"产品"具有非实体性和非储备性等）之外，还具备民航运输本身的特征。这些特征是由于民航采用飞机这一现代化的交通运输工具而产生的。

①高速性

高速性是民航运输最突出的特点，也是民航运输的最大优势所在。民航运输一般取两个城市间距离最短的空中飞行，它较少受到地面自然地理条件的限制。现代化喷气式飞机的出现，使民航运输的高速性成为其决定性的特点。民航运输与其他运输方式相比，运输的距离越长，所能节约的时间越多，高速的特点越明显。

②机动性

民航运输是由飞机在空中完成的运输，两地之间只要有机场和必备的通信导航设施就可以开辟航线。与其他运输方式相比，民航运输不受地面条件限制。飞机可以按班期飞行，也可以根据情况在非固定航线上飞行。可以依据客货运输量的大小和流向变化及时调整航线和机型，也可以根据经营情况中止经济效益差的航线。

③安全性

安全是民航永恒的主题，保障飞行安全是整个民航系统的首要任务。随着科学技术水平的不断发展，民航飞行的安全程度也在不断提高。特别是飞机的通信导航、电子设备和动力系统的革命性改进，使飞机对天气、环境的依赖状况有了极大的改善。

④公共性

随着经济和社会的发展，民航运输逐渐成为与人民群众生产生活息息相关的重要基础服务和保障设施之一，民航的公共性越来越突出地显现出来。一方面，民航运输面向公众，承担着为广大旅客、航空运输企业和货主提供安全优质服务的职能；另一方面，民航运输在满足公共需求的同时，形成了丰富的民航经营性资源，也带动了上下游产业的发展。因此，民航运输的公共性具有公益性和收益性双重特征。

⑤ 舒适性

民航运输的舒适性首先表现为长距离的高速直达性。如北京到乌鲁木齐，乘火车需要30多个小时，而乘飞机只需要3个多小时，大大缩减了旅途的时间，减少了行程中的疲劳。其次，我们现在乘坐的喷气式民航飞机，飞行高度一般在1万米左右，不受低空气流的影响，飞行平稳、乘坐舒适。随着飞机性能不断优化改进，机舱更加宽敞，噪声变小，机内设有餐饮和娱乐设备，舒适度不断提高。

⑥ 国际性

国际性也是民航运输的特征。随着国际交流合作愈加广泛，民航国际合作以及跨国飞行也愈加频繁。根据民航局发布的数据，截至"十三五"末，我国国际航线达到895条，通航国家62个，有效服务国家外交外贸和人员往来。仅2019年，中美之间人员往来就达到500万人，其中通过民航往来占据较大比重。在全球新冠疫情肆虐的形势下，民航运输对于全世界防疫物资供应、物流畅通和产业链供应发挥了重要作用。

（2）通用航空的特征

除了具备民航运输的六个主要特征之外，通用航空还具备以下个性特征。

① 通用性

通用航空的最大优势就是其通用性，它适应工农业生产、交通运输、人民文化生活、科学研究、现代服务业等各个领域。对工农业生产来说，它直接参与工农业生产活动，是工农业活动的重要组成部分；对交通运输来说，它优越于其他各种交通运输方式，其不受地理自然等条件的影响；对人民文化生活来说，它渗透于人民生活的各个领域，是其他任何交通运输无法替代的；对科学研究来说，它可以把科学研究视角提升至空中，扩展科学研究的手段和方法；对现代服务业来说，它可以与文旅产业、教育培训行业等结合起来，丰富服务产品的类型和品类。

② 不可替代性

通用航空机动灵活，不受地理条件束缚，即使是在没有开辟航线的地方，只要有降落场地，就可以在短期内将救护人员与紧急救援物资运到现场，即使在无法降落的情况下，还可以通过空投和空中吊挂来完成。此外，与其他交通方式相比，通用航空还可以节省更多土地资源，体现较高的产业附加值。

③ 专业技术性

通用航空的专业性非常强，安全性要求高，类型和功能也比较广泛，发展通用航空需要较强的专业背景和一定的专业要求，涉及空域管理和飞行服务保障、产业政策及市场培育、机场及基础设施建设、飞行运营、支持服务、法律法规等一系列政策和规章，具有较强的专业技术性。

④地区差异性

由于地区经济的发展水平、产业结构及消费水平存在差异，通用航空在各地区的发展水平、模式和应用领域也不相同。比如，我国区域辽阔，地形复杂，资源的分布不平均，这给通用航空作业带来很大的不同。再如，在东北、西北地区支持林业航空；在西北、西南地区发展航空遥感；在华东、华南地区服务海上石油等。

1.3　世界通用航空发展史

1.3.1　早期飞行

没有人能够准确知道人类是何时第一次飞上蓝天。自古以来，人类看到天空中飞翔的鸟儿，就梦想着自己也可以在蓝天上自由飞翔。受科学技术发展的制约，人类在无法实现飞行愿望之前，就将飞行的梦想寄托于神话和传说。在中华文明5000年的文明发展史中，就流传着"嫦娥奔月""牛郎织女"等关于飞天的神话故事。古巴比伦文本《伊塔娜史诗》中记载了一只老鹰携带牧人飞跃中东的故事。古埃及、古希腊和古印度也创造了很多关于飞行的神话故事。而有关飞行历史的真实记录则出现在中国。

风筝。中国的风筝是飞机的雏形，它拥有2000多年的历史。相传最早的风筝出自楚汉相争的韩信之手。一说是韩信利用风筝测量他的军队与他围困的未央宫之间的距离，以便于通过地道战法攻进未央宫；另一个传说是韩信将项羽围困在垓下，做了一个大风筝，让张良坐在上面高唱楚歌，以瓦解楚军军心。南北朝时，梁国为了守卫被敌军包围的城池，通过风筝向周围梁地发出求救信号。中国的风筝被14世纪意大利探险家马可·波罗记录下来并介绍到欧洲，它的飞行原理成了飞机空气动力学方面最有价值的机理之一。

木鸢。相传在春秋战国时期，东周哲人墨翟（墨子），曾"费时三年，以木制木鸢，飞升天空"。鲁国人公输班（鲁班）博学多才，擅长工巧和制作，也曾制成木鸢，三日三夜飞翔不下。

孔明灯。相传五代（公元907~960年）时，有一位莘七娘，随丈夫打仗时，用竹篾扎成方架，糊上纸，做成大灯，底盘上放置燃烧着的松脂，灯就靠热空气飞上天空，用作军事联络信号；另一种说法相传是由三国时的诸葛亮所发明。这种松脂灯，外形像诸葛亮戴的帽子，因而得名孔明灯。

竹蜻蜓。公元前500年中国人就制成了竹蜻蜓。在晋朝（公元265~420年）葛洪所著的《抱朴子》一书中有关于竹蜻蜓的记载。

万户飞天。明朝有一个叫万户的官员，他为了实现自己的航天梦想，坐在绑上了47支火箭的椅子上，手里拿着风筝，飞向天空，但是火箭爆炸了，万户也为此献出了生命，人们称他为"世界航天第一人"。为纪念万户，国际天文学联合会将月球上的一座环形山以这位古代的中国人命名。

在国外，人们对飞行也在不断进行实践。在中世纪的欧洲，就有冒险者用羽毛制作翅膀绑在身上，从高处快速地一跃而起，尝试模仿鸟儿的飞行，甚至不惜丢掉性命。

早期飞行理论。13世纪，英国学者罗吉尔·培根提出了飞行器的构造设想。在研究了早期的飞行记载后，他逐渐意识到，人类微不足道的肌肉无法像鸟儿那样带动自己的体重飞翔起来。他写道："可以建造一个飞行器，让人坐在引擎环绕的机器中间，通过它让人造的翅膀像飞翔的鸟儿一样飞向天空。"同时，他还提出，比空气轻的飞行器将是人类飞行的手段。

文艺复兴时期，意大利文学家和科学家达·芬奇研究了飞行问题，撰写了一部有关鸟飞行的著作——《论鸟的飞行》，但是由于当时的教会压制环境下，他只能用秘密的反手笔记撰写了这部天才著作，结果导致他的研究成果在他去世后的400年里不为世人所知。

18世纪中下叶，氢气的发现为轻于空气的飞行器发明创造了条件，同时，工业革命使得轻而结实的纺织品成为制造气球的优质材料。1783年，法国蒙哥尔费兄弟先后制造了三个实验气球开展飞行试验，其中最大的一个气球容积有622.6立方米（22000立方英尺），总重量为226千克（500磅），外部是麻布材料，内衬纸质材料，周长为33.5米（110英尺）。同年6月5日，这个庞然大物在法国阿诺奈升到了1830米（6000英尺），在开始下落前随着微风漂移了2.5千米（1.5英里）。随后的9月19日，蒙哥尔费兄弟在凡尔赛宫再次进行飞行表演，气球同时搭载了一只羊、一只公鸡和一只鸭子。两个月后的11月21日，两名法国人乘坐蒙哥尔费兄弟的热气球完成了人类首次乘坐航空器飞行。同时，法国人雅克·查尔斯也在制造自己的热气球，同年的12月1日，他和另一位乘客乘坐他制造的氢气球，随风漂移了43.5千米（27英里）。

这些伟大的尝试激发了人们对飞行更大的热爱和兴趣。但最初的气球都是没有操纵装置的航空器，只能随风漂移。1784年，法国人布兰卡德尝试在气球上安装扑翼装置来操控气球飞行方向，可惜失败了。另一个法国人梅斯尼埃尝试驱动螺旋桨操控气球，也失败了。人们在不断尝试和失败中继续寻找。一直到1852年，法国人亨利·吉法尔成功建造了世界上第一艘飞艇并进行了首次有动力飞行（图1-1）。这个飞艇具有一个氢气填充的直径为12米（40英尺）、长为44米（144英尺）长的气囊，气囊从中间到两端逐渐变细，两端各形成一个尖角。整个气囊覆盖着一张网，连接着长木杆的吊舱悬挂在飞行器下面，吊舱与艇身之间保持约12米（40英尺）的距离，防止发动机飞溅的火花点燃飞艇。吊舱里安装了一个全尺寸蒸汽动力装置，驱动一个三叶片螺旋桨，产生飞行动力。

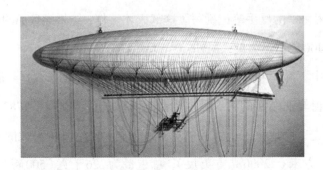

图1-1　吉法尔建造的飞艇

　　然而，吉法尔蒸汽动力飞艇的首次成功试飞并没有激发人们的兴趣，随后十多年时间里，人们对可操控气球的研究似乎失去了兴趣。一直到普法战争的爆发，气球在巴黎包围战中发挥了很大作用，66个气球带着100名乘客、400只信鸽和10吨邮件，飞离城市，使得人们重新产生对可操控气球和飞行器的研究兴趣。德国人亨莱因尝试用早期的燃气发动机驱动可操控的气球。法国人查尔斯·雷纳德和亚瑟·克雷布斯尝试用电动机驱动，并建造了一个气囊容积为1867立方米（66000立方英尺）的飞艇"法兰西"号。"法兰西"号的成功试飞，让一位德国中将且是卓越工程师的人深受震撼，他就是斐迪南·冯·齐柏林。

　　1900年7月2日，第一艘硬式飞艇"齐柏林飞艇1号"首飞成功（图1-2）。随后几年时间里，齐柏林筹集资金又建造了"齐柏林飞艇2号"，在发动机故障导致其飞行失败后，齐柏林又东拼西凑筹集资金建造了"齐柏林飞艇3号"。"齐柏林飞艇3号"用了2个小时飞行了96千米（60英里），并创造了当时坚持飞行8小时的新纪录。"齐柏林飞艇3号"的成功让齐柏林获得了支持，他在法兰克福成立了德国飞艇运输公司。该公司建造的一系列飞艇随后被用于商用客运服务，并在第一次世界大战中执行轰炸、侦察和巡逻等军事任务。

图1-2　齐柏林飞艇

1.3.2　飞机的产生和发展

人类经过100多年对于气球和飞艇的研究，积累了丰富的飞行经验。一部分科学家和工程师开始研究机械飞行原理——重力、升力、拖曳和推力之间的关系。

19世纪初，英国人乔治·凯利爵士开始设计多款滑翔机模型，他首先提出利用固定翼产生升力和利用不同翼面控制并推进飞机的设计理念，并在1849年建造了一架三角翼飞机进行了几米的飞行。他还发表了题为《航空》的论文著作，讨论了空气动力学原理及实际应用。他的试验和研究对航空的发展产生深远影响。

受飞行动力不足的影响，凯利爵士的飞机只能飞行很短距离。人们开始尝试用蒸汽机产生飞行动力，但结果并不理想。汽油内燃机的问世为飞机动力的提升提供了条件。美国19世纪著名科学家塞缪尔·皮尔庞特·兰利设计了以内燃机为动力的飞机，但由于没有解决操纵问题，试飞均告失败。同时，一直热衷于航空学研究的德国工程师、发明家奥托·李林塔尔，在1891年建造了一架滑翔机（图1-3），成功的飞行了30米。1891—1896年，李林塔尔以他空气动力学的研究为基础，通过16个不同的滑翔机模型完成了近2000次简单飞行。他是第一个完成可控飞行的人，不幸的是，在1896年的一次滑翔机飞行试验中，李林塔尔坠机去世。

19世纪末，美国的奥维尔·莱特和威尔伯·莱特两兄弟在俄亥俄州代顿市经营着一家自行车设计、维修和制造企业，他们对飞行十分痴迷。李林塔尔及其滑翔机的文章极大地激发了他们对航空的热情。他们制作了几百个不同形状的机翼模型，还设计了一个风洞来测量气流对飞机机翼作用力的大小和方向。经过大量试验，他们发现了增加升力的原理，认识到飞机的升降、偏转和平衡可以通过舵面偏转来实现，这基本解决了飞机操纵稳定性问题。

图1-3 李林塔尔开展飞行试验

1899—1903年，莱特兄弟先后制造了三架滑翔机，进行了千余次的试飞、改装试验。他们在第三架滑翔机的基础上，安装了一台近9千瓦（12马力）的四缸发动机，由其带动两个二叶推进式螺旋桨，这就是著名的飞行者1号（见表1-1）。1903年12月17日，兄弟俩轮流操控飞行者1号进行了四次试飞。在最后一次试飞中，飞机在空中持续飞行了59秒，飞行了260米（852英尺）。这是人类历史上第一次持续、有控制的动力飞行，从此开创了现代航空的新元年，也揭开了世界通用航空发展的篇章。

表1-1 飞行者1号

	飞行者1号主要技术指标
机型	实验用双翼机
发动机	一台9千瓦（12马力）四缸直列发动机
最大速度	50千米/小时（31英里/小时）
重量	340千克（750磅）
最大起飞重量	11400千克

（续表）

	尺寸	翼展 12.29米（40英尺）
	长度	6.43米（21英尺）
	高度	2.81米（9英尺），机翼面积：35平方米（510平方英尺）

※ 学习记忆点：现代航空的新元年

　　1903年12月17日，美国的莱特兄弟操控飞行者1号在空中持续飞行59秒，飞行260米（852英尺），这是人类历史上第一次持续、有控制的动力飞行。

　　莱特兄弟发明飞机之后，有动力、可控制的飞机不断取得发展。莱特兄弟又先后制造飞行者2号、3号及其改进版。美国1907年成立的"航空实验协会"先后推出"红翼""白翼""六月虫""银镖"等飞机。1909年7月25日，法国飞行员路易斯布莱里奥特驾驶一架牵引式单翼机飞越英吉利海峡。1909年9月21日，26岁的美国华侨冯如驾驶自己的飞机在美国旧金山奥克兰试飞成功，成为中国首位飞机设计师。1910年3月28日，法国人法布尔成功试飞世界上第一架水上飞机。

　　第一次世界大战之前，英国、法国等国家开始用飞机和飞艇装备部队、成立空中军事力量。1911年4月，英国的皇家工程部队组建空中大队；12月，英国皇家海军成立第一所飞行员学校；次年，组建皇家陆军航空队。法国于1911年9月装备25架飞机组建第六、第七军团，并开始秘密训练。不过，在战场上第一个使用飞机的是意大利。1911年10月22日，因与土耳其在涉及利比亚的昔兰尼亚和的黎波里塔尼亚两个地区归属问题上发生争执，两国开战后，意大利空中部队通过"布莱里奥特Ⅵ"号飞机对土耳其的阵地进行了侦察。

第一次世界大战开始后，飞机作为一种新式的武器装备得到广泛应用和很大的发展。飞机不但被用于侦察、轰炸和空中作战，还出现了舰载机。战争的需要在短时间内加速了航空工业的发展，全世界涌现出200余家飞机工厂及80余家配套发动机制造厂，初步形成了一定规模的航空工业，并逐渐成为独立的产业部门。

第一次世界大战之后，大量军机被闲置，军事飞机产量减少，民用航空开始起步，飞机逐渐开始用于邮政、客运等商用航空业务。在这个阶段，活塞发动机的性能和功率得到提升，螺旋桨技术和效率有了较大进步，飞行速度和高度也有了很大提高，飞机速度达到500千米/小时，升限达到7000米。在飞机构型方面，由双机翼飞机发展到张臂式单机翼飞机，敞开式座舱发展到密闭式座舱，固定式起落架发展到收放式起落架。在机身构成方面，由木质结构飞机发展到全金属结构飞机。美国虽然是现代飞机的发源地，但是在第一次世界大战期间，美国的军用飞机落后于欧洲。一战后在民用航空方面后来居上，波音公司推出波音-247型飞机，道格拉斯公司先后推出DC-1、DC-2、DC-3、DC-4等系列飞机。

第二次世界大战将航空科学技术和航空工业推向一个新的发展阶段。战争中，为了满足多种战场需求，各类型的战斗机、攻击机、轰炸机、侦察机、运输机等轮番登场，以活塞发动机为动力的螺旋桨飞机基本实现了极限飞行速度。二战结束后，世界航空科学技术得到了进一步提升，特别是喷气发动机及机载雷达的使用、飞机气动外形的改进、材料技术的提升，进一步提升了飞机的各种性能，使飞机很快突破了声障和热障的限制，飞行速度达到声速的2~3倍，进入了超声速飞行时代。同时，民用航空也同步进入了高速飞行时代。

1.3.3　直升机的产生和发展

在通用航空领域，直升机的应用占据了一定数量的业务。中国的"竹蜻蜓"和意大利人达·芬奇的直升机草图，为现代直升机的发明提供了启示，指出了正确的思维方向，它们被公认是直升机发展史的起点。英国人乔治·凯利爵士对旋翼理念也曾进行过实验。1863年，法国人古斯塔夫·巴顿和他的同事制造了一个小型蒸汽机驱动的旋翼模型平台。为了给他的创作寻找一个合适的名字，巴顿偶然想到将希腊单词"helicos"（螺旋）和"pteron"（翅膀）组合起来，命名为"Helicoptere"（直升机）。

20世纪初，法国人路易斯·布雷盖、雅克布·雷盖和查尔斯·里歇三人组，保罗·科尔尼，以及俄国人伊戈尔·西科斯基（后移居美国）、丹麦人雅各布·克里斯汀·艾力哈默等都先后开展旋翼飞机的制造和试验飞行，他们的尝试大部分采用多旋翼布局，但是始终没有解决升空后的可控稳定飞行。1911年，俄国人尤里耶夫制造出首款单旋翼加尾桨布局的直升机，还发明了自动倾斜器，从而彻底解决了直升机的操纵问题。

20世纪20年代，西班牙人劳尔·帕特拉斯·佩斯卡拉、艾蒂安·欧米琛以及俄裔美国人乔治·德·波西扎特等科学家先后进行直升机制造和飞行研究，当时的直升机设计得都比较复杂。

1936年6月26日，由海因里希·卡尔·约翰·福克设计的Fw-61（也被称为Fa-61）直升机在德国起飞升空，这是第一架实现可正常操控的载人直升机。1939年，伊戈尔·西科斯基在美国试飞的VS-300型直升机也表现出优秀的飞行性能，可与Fw-61一比高下。20世纪30年代末，法国、美国和苏联都有直升机试飞成功，并且开始被用于军事用途。

二战之后，美国与苏联在科技各领域展开竞争，直升机领域也不例外。涡轴发动机、复合材料、新型桨毂等先后应用于直升机研发制造，美国的贝尔系列、苏联的米系列直升机先后推出，各方面性能逐步优化，使得直升机在军事和民用都发挥了重要作用。

1.3.4　通用航空的产生和发展

通用航空是伴随着航空工业整体的发展进程而起步的。早期的飞行驾驶员和乘客都是具有一定冒险精神的人，热气球、飞艇、飞机仍是少数人才能体验的。1909年，齐柏林的德国飞艇运输公司的飞艇搭载32人完成了一次持续2小时30分钟的商业飞行。

1911年2月8日，英国飞行员亨利驾驶一架法国生产的索默式飞机，携带6500封信函，从印度的阿拉哈巴德起飞，飞往悉尼，完成了人类历史上最早的空中邮政飞行，也是最早的通用航空飞行。

1914年，美国在佛罗里达州建立了世界第一条定期飞行的客运航线，由于受到飞机速度、载客量和航程的限制，与地面交通运输无法形成竞争。

一战结束后，不管在欧洲还是美国，市场上充斥着成千上万过剩的军用飞机，其中很多都是全新的、没有上过战场的。在这之后的几十年，推动飞机用于商用的最重要因素之一是对快速邮政服务的需要，大量的军用飞机经过改装开始用于商业运营。

1924年，英国帝国航空公司合并了战后组建的许多小的航空公司，开始运行欧洲航线，以及飞往中东、远东和南非的航线。20世纪30年代，一些小型飞机租赁公司在英国也纷纷涌现，他们不但运输货物和邮件，还开始运输乘客。英国的航空公司使用的机型主要有亨德里·佩奇 W8bs、亨德里·佩奇 HP.42、哈兰德 DH.34s、哈兰德 DH.84 "飞龙"、哈兰德 DH.86 "迅龙" 等。

1925年，美国国会通过《空邮法》（Air Mail Act），将航空邮件的投递从军方交给私人承包商，这极大地激发了私有资本参与航空运营的积极性。远东航空、殖民航空、西部航空快递、泛美航空等民用航空公司先后成立。美国的航空公司使用德飞机机型主要有"福克通用型"飞机、道格拉斯 M-2 型 / DT-2 型飞机、西科斯基 S.38 飞机等。20 世纪 30 年代，道格拉斯 DC-3 型飞机（见表 1-2）被广泛应用于航空运输业，它的军用改进型道格拉斯 C-47 在二战中也发挥了重要作用。

1926 年 4 月，德国汉莎航空公司成立。该公司使用容克 G.38、容克 Ju 52 型飞机，经营了德国和欧洲几十条航线。1927 年美国塞斯纳飞机公司正式组建，1937 年美国派珀飞机公司成立，1939 年位于瑞士的皮拉图斯飞机公司成立……这些早期的通航飞机公司都积极推动自己的飞机制造产业。

表 1-2　道格拉斯 DC-3

道格拉斯 DC-3 主要技术指标	
机型	固定翼螺旋桨驱动飞机
发动机	2 台 900 马力的柯蒂斯-赖特引擎
最大速度	310 千米/小时
重量	8300 千克
最大起飞重量	11400 千克
尺寸	翼展 29 米
长度	19.7 米
高度	5.16 米
乘员	3 人
乘客	21 人

二战后，同盟国收缴了德国大量的容克 Ju52 型飞机作为战利品，同时，同盟国空军也拥有数以千计的运输机，其中主力机型为道格拉斯 C-47。这些飞机都被出售给航空运营商，又促进了民用航空业的发展。新一代喷气发动机、雷达技术等航空新技术的发展也被用于民用航空，越来越多民用飞机出现，其中包括：波音公司 707 型和 727 型、苏联图-154 型和伊留申 Ⅱ-62 型、道格拉斯 DC-8 型和 DC-9 型、空客 A300 和 A310 型等。此外，达索航空、豪客比奇航空、湾流航空等公司、巴西航空工业公司都陆续开展公务机研发制造和飞行运行业务。

伴随着民用航空的高速发展，为了保障飞行空域安全，美国和欧洲逐渐将空域划为民用，美国政府将大约 85% 的美国空域划分为民用。这也为通用航空的发展创造了有利条件。从 20 世纪 70 年代开始，美国的低空管制（3000 米以下空域）陆续开放，包括私人飞机在内的多数通用航空飞机都在这个区域以下活动，该区域属于非管制区域，通航飞机只需要向塔台通报并得到允许便可进行飞行活动。

从 20 世纪 90 年代开始，随着全球定位系统（GPS）技术在航空领域的推广应用，使得通用航空飞得更安全、运行成本更低。1994 年 8 月，美国通过《通用航空复兴法》，推动社会消费业带动通航产业取得新的发展。根据美国通用航空制造商协会（GAMA）统计数据显示（表 1-3），全球通航飞机的出货量由 1994 年的 1132 架，增至 2000 年的 3147 架，提高了 1.78 倍。

进入 21 世纪以来，各种新的科技成果运用到航空领域，通用航空进入一个较为稳定的发展时期，通用航空器的年度出货量除 2005—2008 年超过 3000 架外，其他年份均在 2000~3000 架左右。目前，全世界通用航空器的总量在 44 万架左右，其中约 21 万架在美国，约 11 万架在欧洲。

表1-3　通航飞机出货量统计表（1994—2020年）（单位：架）

年份	活塞式飞机数量	涡桨式飞机数量	公务机数量	总出货量
1994	621	233	278	1132
1995	666	285	300	1251
1996	801	320	316	1437
1997	1123	279	438	1840
1998	1606	336	515	2457
1999	1801	340	667	2808
2000	1980	415	752	3147
2001	1792	422	784	2998
2002	1721	280	676	2677
2003	1896	272	518	2686
2004	2051	319	592	2962
2005	2465	375	750	3590
2006	2755	412	887	4054
2007	2675	465	1137	4277
2008	2119	538	1317	3974
2009	963	446	874	2283
2010	889	368	767	2024
2011	898	526	696	2120
2012	908	584	672	2164
2013	1030	645	678	2353
2014	1129	603	722	2454

（续表）

年份	活塞式飞机数量	涡桨式飞机数量	公务机数量	总出货量
2015	1056	557	718	2331
2016	1019	582	666	2267
2017	1085	563	677	2325
2018	1137	601	703	2441
2019	1324	525	809	2658
2020	1312	443	644	2399
	38822	11734	18553	69109

近年来随着无人机技术的发展，无人机作为通用航空的一个新兴领域取得快速增长，无人机也变得更加多样化和专业化，涌现出无人直升机、多旋翼无人机、长航时无人机、太阳能无人机等系列。截至2021年12月，在中国正式注册的民用无人机已超过83万架，无人机飞行达到1000万小时，无人机在物流、航拍、电力等领域的应用愈加广泛。同时，人类追求飞行汽车的脚步也未停歇，全球有几十个团队正在进行电动垂直起降飞机的研发。

1.4 中国通用航空发展史

1.4.1 1949年前的通用航空

作为人类历史上从未间断的中华文明，人们在很早的时候就有飞行的梦想并积极进行探索实践。到了18世纪，西方工业革命促进了人类生产生活方式发生巨大变革、取得重大进步，然而在这个阶段，中国人逐渐落后了，体现在航空领域的差距也是巨大的。近代以来，一部分中国人开始到欧美国家留学谋生，他们当中的部分有识之士开始接触航空，成为中国早期的航空运动先驱，其中最具代表性的人物有十位，分别是：华蘅芳、谢缵泰、秦国镛、厉汝燕、潘世忠、谭根、杨仙逸、巴玉藻、王助、冯如。

华蘅芳（1833—1902），江苏无锡人，近代中国著名数学家和自然科学家。1887年，时任天津武备学堂数学教师的华蘅芳亲手设计并制作了中国第一个氢气球，直径约1.7米（5尺），成功试飞。

图1-4　研制气球的数学家——华蘅芳

谢缵泰（1872—1938），广东开平人，中国飞艇第一人。1899年设计"中国"号飞艇。

图1-5　中国飞艇创始人——谢缵泰

秦国镛（1876—1940），湖北咸丰人。1913年中国第一所航空学校——南苑航空学校成立，秦国镛为第一任校长。

图1-6　中国第一所航校校长——秦国镛

厉汝燕（1888—1944），浙江定海人。第一个官派军事航空留学生，参加中国最早的一次长途飞行、中国大地上最早的轰炸行动，曾任南苑航空学校校长。

图1-7　航空飞行家——厉汝燕

潘世忠（1889—1930），江苏青浦人。1914年10月12日，驾驶自己设计制造的飞机飞行高度达1500米，是我国航空史上第一位使用本土自制飞机的"飞行家"。

图1-8　本土自制飞机飞行第一人——潘世忠

谭根（1889—卒年不详），广东开平人。世界早期水上飞机事业开拓者之一。

图1-9　中国水上飞机第一人——谭根

杨仙逸（1891—1923），广东香山（今中山市）人。1923年6月，杨仙逸制造了中国第一架双翼双座侦察/教练机，试飞成功后，孙中山以夫人宋庆龄的英文名字将此机命名为"乐士文一号"。在参加孙中山对军阀陈炯明的讨伐中壮烈牺牲。

图1-10　革命空军之父——杨仙逸

巴玉藻（1892—1929），江苏镇江人。1919年8月，巴玉藻和王助、曾诒经等人一起，制造出中国本土第一架水上飞机"甲型一号"。1929年遭日本间谍暗杀身亡，年仅37岁。

图1-11　飞机设计与制造专家——巴玉藻

王助（1893—1965），河北南宫人。参与创建中国第一个正规飞机制造厂——马尾海军飞机工程处。抗日战争期间，组建中国航空研究院，亲自参与研制成多种竹木复合结构的飞机部件。是中国近代航空工业主要的奠基人之一。

图1-12　飞机设计与制造专家——王助

冯如（1883—1912），广东恩平人。12岁时随亲属赴美国谋生，先是在工厂半工半读，学习机械制造。当得知莱特兄弟发明了飞机后，冯如决心要依靠中国人的力量来制造飞机。在当地华侨的支持下，经历历次失败和反复修改试飞，他制造的飞机于1909年9月21日在美国旧金山奥克兰成功试飞。辛亥革命成功后，他被革命当局任命为陆军飞机长。1912年8月25日，冯如在广州燕塘飞行表演中不幸牺牲，被追授为陆军少将，遗体安葬在黄花岗，并立碑纪念，被尊为"中国首创飞行大家"。中国航空界以"冯如一号"首飞成功的1909年为中国航空元年。2009年是中国航空百年暨空军建军60周年，在5月25日的纪念大会上，中国空军授予其"中国航空之父"的称号。

图1-13　中国始创飞行大家——冯如

※ 学习记忆点：中国航空之父冯如

1909年9月21日，冯如制造的飞机在美国旧金山奥克兰成功试飞。中国航空界以1909年为中国航空元年。

1.4.2 1949年后的通用航空

中国的通用航空伴随着航空工业的发展而发展。根据中国航空工业发展的历程，可以将我国通用航空的发展历史划分为改革开放前和改革开放后两个时期。

1. 改革开放前（1949—1977年）的通用航空

1949年11月，中共中央政治局会议决定，在人民革命军事委员会下设民用航空局，受空军指导。1951年4月，国家颁布《关于航空工业建设的决定》，航空工业管理委员会成立，我国的航空工业在抗美援朝的烽火中诞生。1951年，民用航空局商务处开始承办专业航空业务（通用航空业务）。为了适应国家护林、治蝗等专业任务的需求，从1952年开始民航局陆续在全国重点地区成立专业航空飞行队。当时使用的飞机主要有运5型飞机和安-2型飞机。据数据统计，1960年通用航空飞行总量由1952年的959小时快速增长到3.4万小时。

1960年中苏交恶，1962年中苏关系破裂、中印边境自卫反击战，中国又经历三年严重困难，国民经济异常困难，而且还要备战、增加军队力量，通用航空进入了低谷期。"文革"十年我国航空工业发展更是遭到严重破坏。

2. 改革开放后（1978年至今）的通用航空

人们通常将1978年之后通用航空的发展历程分为三个阶段：恢复发展期（1978—1995年）、持续发展期（1996—2008年）、快速发展期（2009年至今）。

（1）恢复发展期（1978—1995年）

党的十一届三中全会吹响了改革开放的号角，通用航空逐步得到恢复，通用航空的飞行总量、飞机数量、通用航空企业数量都保持一定比例的增长。从作业任务的分布上看，飞行训练和石油服务发展较快。进入20世纪80年代，伴随着改革开放的春风，我国的公共航空运输取得快速发展，对飞行员、空勤人员等专业从业人员的需求激增，通用航空的大量从业人员流入公共运输航空，使得通用航空的发展受到很大影响。到了20世纪90年代中期，这种影响到了十分严峻的地步，中国民航局和地区管理局提出一系列措施稳定和促进通用航空的发展。

改革开放之前，我国尚未使用"通用航空"的概念，其主要业务对应"专业航空"。1986年1月，《国务院关于通用航空管理的暂行规定》（国发［1986］2号）中将"专业航空"改称为"通用航空"，从名称上与国际上保持一致，但在内涵表述上有所区别。

（2）持续发展期（1996—2008年）

在一系列政策措施的引导推动下，从20世纪90年代后期开始，通用航空的发展环境得到改善，社会资本进入通用航空领域，通用航空的飞行总量、飞机数量、从业人员数量、通用航空企业数量都得到较快增长。年飞行总量从1990年的约6.3万小时增长到2008年的近30万小时，通用航空企业达到89家，作业领域在工农林渔等传统行业基础上，增加了空中旅游、公务航空等新的业态。

（3）快速发展期（2009年至今）

2009年以来，国家对通用航空愈发重视，一系列利好政策逐步出台。民航局在2009年出台《关于加快通用航空发展的措施》，2010年国务院、中央军委发布《关于深化我国低空空域管理改革的意见》（国发［2010］25号），作为我国低空空域改革的一个纲领性文件,对于通用航空发展影响深远。2012年7月,《国务院关于促进民航业发展的若干意见》(国发〔2012〕24号),对通用航空规模化发展提出具体要求和举措。进入"十三五"时期后,2016年5月,《国务院关于促进通用航空业发展的指导意见》(国办发〔2016〕38号),这是我国首次对通用航空从全产业链角度进行的顶层设计和部署,对解决困扰全行业发展的瓶颈问题具有里程碑式意义,通用航空制造迎来极佳的发展机遇。2017年以来,民航领域开始"放管服"改革,对通用航空的重视提高到前所未有的程度,近100份政策文件先后出台,从市场管理和产业准入、飞行服务、适航管理、通用机场建设、从业人员和机构管理等方面,对通用航空业发展持续注入政策红利,法规标准体系进一步健全,规划体系明确统一,行政管理体制机制进一步完善,公共服务职能进一步优化。

截至2020年,我国通用航空在"十三五"期间实现历史性跨越。通用航空飞行量从2015年的77.8万小时增至2020年的98.4万小时(受新冠疫情影响2020年略有回落,2019年飞行量106.5万小时),如果加入无人机飞行量,2020年达到280万小时。在册通用机场339个,超过颁证运输机场数量。全国经营性通航企业达523家,比2015年的201家新增322家。通用及小型运输航空公司航空器数量共计2461架,另外飞行学院航空器数量280架,总计2741架。全行业注册无人机达52.36万架,实名注册用户超38万个。

1.4.3　我国通用航空的挑战与机遇

1. 与欧美国家相比,差距较大但潜力巨大

根据美国通用航空制造商协会(GAMA)统计数据显示,2019年美国通用航空业创造约2470亿美元的经济产出,约占美国当年 GDP 的1.15%,创造就业岗位120万个。2021年飞行时数超过2550万小时,通用航空器约21万架,

机场建设方面，全美有超过 1.9 万个机场，除了 270 余个军用机场外，公共航空运输机场有 510 个左右，剩余的近 1.9 万个机场由通用航空或私人机场运营。相比之下，我国通用航空年飞行量为美国的 4%，通用航空器为 1.3%，通用机场为 1.8%。我国经济平稳快速增长，正在形成全世界最大的中产群体和最大的通用航空消费市场，通用航空机场设施建设正在加快推进。2021 年发布的《国家综合立体交通网规划纲要》指出，"优化枢纽布局，完善枢纽体系，发展通用航空""研究布局综合性通用机场，疏解繁忙机场的通用航空活动，发展城市直升机运输服务，构建城市群内部快速空中交通网络""推进通用航空与旅游融合发展"……这为通用航空发展提供了广阔的市场空间和良好的发展前景。

2. "飞起来、飞得多、飞得好、飞得安全"机制尚未建立

"飞起来"是通用航空业发展的基本前提和首要条件。"十三五"以来，特别是 2016 年 5 月《国务院办公厅关于促进通用航空业发展的指导意见》（国办发〔2016〕38 号）以来，我国通用航空发展进入快车道，飞行总量实现了较快增长，突破了百万小时，但距离欧美国家仍有较大差距，甚至落后于巴西、南非等发展中国家。

自 2010 年国务院、中央军委下发《关于深化我国低空空域管理改革的意见》以来，在中央空管委的组织领导下，军民航空管系统和有关地方政府严密组织，积极探索，从"十二五"期间军航空管系统的"两大区七小区"的全国集中改革试点，到"十三五"期间由省级地方政府牵头组织的区域改革试点，低空空域管理改革试点不断深入，先后批准海南、四川、湖南、江西、安徽等省开展低空空域管理改革试点，积极开展低空空域协调机制建立与优化、分类管理、审批流程、飞行服务保障等方面的探索工作，取得较好的成效。但是，围绕着"飞行"的全生命周期保障体系尚未建立，通信、导航、监视体系

及地面飞行保障体系远不能满足通用航空安全便利运行的需要。

3. 通用航空市场需求与供给尚不匹配

从市场需求的角度来看，通用航空主要的市场业态有：经济建设（包含研发制造、工农林牧渔等）、短途运输、公共服务（包括医疗救援、应急等）、消费服务（包括空中游览、航空体育、私人飞行等）、飞行教育培训等类型。欧美国家已经形成相对成熟的通航市场，各类业态分布相对合理，通航供给侧内容丰富、服务方式多元，其中，通航消费服务占据较大比重。据有关数据统计，通航消费占据美国通航市场比重超过80%。我国虽然存在极大的通航市场潜力，但是，在通航市场需求侧，由于地区差距、城乡差异，存在着通航人口较少，通航市场需求地区差异大、不均衡、不稳定的情况。在通航服务供给侧，也存在服务能力不高、内容相对单一、水平参差不齐等问题。

为了大力发展通用航空，从政府层面看，行业主管部门近年来大力推进"放管服"改革，密集出台了近百个促进通用航空发展的政策文件，"一揽子"修订了涉及经营许可等方面十余部规章，不断激发市场主体活力，促进通用航空高质量发展。广东、湖南、四川、山西、海南等省份也纷纷大力发展通用航空产业，形成了较好的发展局面。从市场层面看，"十三五"期间，我国通用航空业取得快速发展，保持了良好发展势头。受新冠疫情影响，通用航空发展受到一定延滞，但从长远看，我国通用航空仍具有美好的发展前景。

※　课后习题

1. 什么是航空？

2. 请用一句话解释通用航空。

3. 按照2020年最新颁布的《通用航空经营许可管理规定》，经营性通用航空活动分为哪几类？

4.（　　）年12月17日，美国的（　　）操控飞行者1号在空中持续飞行59秒，飞行260米（852英尺），这是人类历史上第一次持续、有控制的动力飞行。

5. 中国航空之父是谁？他于哪一年制造出中国人的第一架飞机？

第 2 章

飞行原理

2.1　飞行环境

　　一般来讲，飞行环境包括大气飞行环境和空间飞行环境。我们一般讲的航空器，其飞行环境为大气飞行环境。本章节主要阐述大气环境中的飞行原理。飞行环境对航空器和飞行性能有着非常重要的影响。在了解飞行原理之前，我们需要认识和了解飞行环境的变化规律。

2.1.1　大气环境

　　大气环境是航空器唯一的飞行环境，其空气密度、温度、压强和天气等因素对航空器的飞行影响很大。

　　大气在地球引力的作用下聚集在地球周围，大气层中空气的密度、温度、压强等参数是随着高度的变化而变化的，大气层总质量的90%集中在距离地表15千米高度以内。探测结果表明，地球大气圈的顶部并没有明显的分界线，超过2000千米高度以上，大气极其稀薄，并逐渐过渡到星际空间。

　　根据大气状态参数随着高度变化的特点，可以将大气层划分为对流层、平流层、中间层、热层和散逸层五个层次（如图2-1所示）。

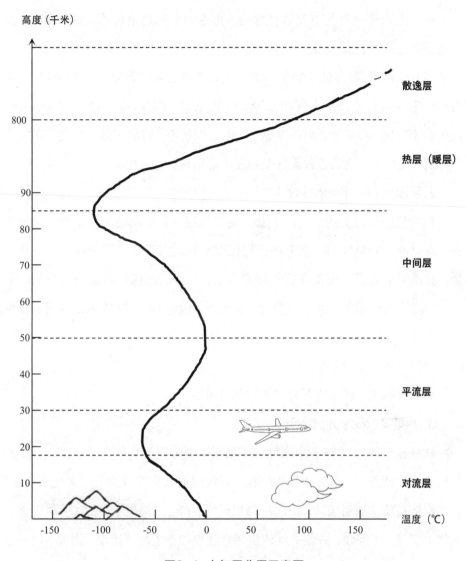

图2-1 大气层分层示意图

1. 对流层（troposphere）

大气中最低的一层为对流层，它的上界随着地球纬度、季节的不同而变化。就纬度而言，在赤道地区高度约17~18千米；中纬度平均为10~12千米；在极地约8千米。

由于太阳辐射首先主要加热地面，再由地面把热量传给大气，因此，距离地表最近的对流层的主要气象特点有：①气温随高度的增加而递减，平均每升高100米，气温降低0.65℃；②空气有强烈的对流运动；③天气的复杂多变。对流层集中了75%大气质量和90%的水汽，因此伴随强烈的对流运动，产生水相变化，形成云、雨、雪等复杂的天气现象。对流层是天气变化最复杂的一层，飞行中遇到的各种天气变化几乎都出现在这一层中。

2.平流层（stratosphere）

自对流层顶向上约50千米高度，为平流层。在平流层大气以水平运动为主，垂直混合明显减弱，整个平流层比较平稳。由于平流层水汽、尘埃含量少，对流层中的天气现象在这一层很少见，只在底部偶然出现一些分散的贝云。平流层天气晴朗，大气透明度好。此外，因为20～25千米高度处，臭氧含量最多，臭氧能吸收大量太阳紫外线，从而使气温升高，所以温度随高度增加由等温分布变逆温分布。

航空器的飞行环境主要是对流层和平流层。

3.中间层（mesosphere）

从平流层顶到约85千米高度为中间层。因为该层臭氧含量极少，不能大量吸收太阳紫外线，而氮、氧能吸收的短波辐射又大部分被上层大气所吸收，故气温随高度增加而递减，中间层的顶界气温降至 -83℃～-113℃。由于该层大气上部冷、下部暖，致使空气产生相对强烈的上下对流运动。因此，这一层又叫高空对流层。

4.热层（thermosphere）

从中间层顶到800千米高度之间的一层称为热层，或暖层、电离层。在该层，随着高度的增高，气温迅速升高。这一层大气密度也很小，在700千米厚的气层中，只含有大气总质量的0.5%。由于空气密度小，在太阳紫外线和宇宙射线的作用下，氧分子和部分氮分子被分解，并处于高度电离状态。电离层具有反射无线电波的能力，对无线电通信有重要意义。

5.散逸层（exosphere）

热层顶以上称散逸层。它是大气的最外一层，也是大气层和星际空间的过渡层，但无明显的边界线。这一层，空气极其稀薄，大气质点碰撞机会很小。气温也随高度增加而升高。由于气温很高，空气粒子运动速度很快，又因距地球表面远，受地球引力作用小，故一些高速运动的空气质点不断散逸到星际空间，散逸层由此而得名。

※ 学习记忆点：大气环境分层

根据大气状态参数随着高度变化的特点，可以将大气层划分为对流层、平流层、中间层、热层和散逸层五个层次。

航空器主要在对流层和平流层运行。

2.1.2 大气的物理性质

1.大气的状态参数和状态方程

大气的状态参数是指压强、温度和密度三个参数。对一定数量的气体，压强、温度和密度这三个参数就可以决定它的状态。它们之间的关系，可以用气体状态方程表示，即 $P=\rho RT$。式中，T 为大气的热力学温度（单位 K），它和摄氏度 t（单位 ℃）之间的关系为：$T=t+273℃$；R 为大气气体常数，其值为287.05J/（kg·k）。

大气的状态参数随着飞行高度的变化而变化，它们不仅对作用在飞机上空气动力值有影响，还对飞机喷气发动机的推理值有很大影响。

※学习记忆点：大气状态参数

大气的状态参数是指它的压强 P、温度 T 和密度 ρ 这三个参数。

2.连续性

气体是由大量分子组成的。在标准大气状态下，每 1 立方米的空间里含有 2.7×10^{16} 个分子，每个分子都有自己的位置、速度与能量。在气体中，分子之间的联系十分微弱，以致其仅仅取决于盛装容器的形状（充满该容器），而没有自己固有的外形。当飞行器在这种空气介质中运动时，由于飞行器的外形尺寸远远大于气体分子的自由行程（一个空气分子经一次碰撞后到下一次碰撞前平均走过的距离），故在研究飞行器和大气之间的相对运动时，气体分子间的距离完全可以忽略不计，即把气体看成连续的介质。这就是在空气动力学研究中常说的连续性假设。连续性假设不仅为描述流体的物理属性和流动状态带来很大方便，更重要的是为理论研究提供了采用强有力的数学工具的可能。

航天器所处的飞行环境为高空大气层和外层空间，空气分子间的平均自由行程很大，气体分子的自由行程大约与飞行器的外形尺寸在同一数量级甚至更大，在此情况下，大气就不能看成是连续介质了。

3.黏性

大气的黏性是空气在流动过程中表现出的一种物理性质。大气的黏性力是相邻大气层之间相互运动时产生的牵扯作用力，也叫作大气的内摩擦力（即大气相邻流动层间出现滑动时产生的摩擦力）。

当大气在外力作用下流动或有流动趋势时，气体分子间的内聚力要阻止大气分子的相对运动，同时，相邻大气层之间分子的不规则运动导致的分子迁移也会使分子间产生动量交换，因此在大气运动时会产生一种内摩擦力，这种现象称为流体的黏性。由于大气分子之间的距离相对较大，大气的黏性主要是气体分子作不规则运动的结果。

大气流过航空器时产生的摩擦阻力是与大气的黏性有关系的。

4.可压缩性

一般来讲，气体是可压缩的。气体的可压缩性是指当气体的压强改变时，其密度和体积也改变的性质。当大气流过飞行器表面时，由于飞行器对大气的压缩作用，大气压强会发生变化，密度也会随之发生变化，当气流的速度较小时，压强的变化量较小，其密度的变化也很小，因此，在研究大气低速流动的有关问题时，可以不考虑大气可压缩性的影响。但当大气流动的速度较高时，由于可压缩性的影响，使得大气以超声速流过航空器表面时与低速流过航空器表面时有很大的差别，在某些方面甚至还会发生质的变化，因此必须考虑大气的可压缩性。

5.声速

声速是指声波在物体中传播的速度。声波是一个振动的声源在介质中传播时产生的疏密波（压缩与膨胀相间的波），疏密波传到人们的耳膜，人就感觉到了声音，这便是声波。飞机或物体在空气中飞行时会把前进中碰到的空气微团推开，并把这些微团压紧持续向前运动，被推开、压紧的微团将膨胀开来，回到其原来的位置。因此，飞机或物体在运动时，在围绕它的空气中将一直产生振动的疏密波，这种疏密波在物理本质上和声波是一样的。不同的是，它的频率不在人耳所能感觉的范固之内，所以人不一定听得到。

声速的大小和传播介质有关，实验表明，在水中声速大约为1440米/秒（大约5200千米/小时），而在海平面标准状态下，在空气中声速仅为341米/秒（大约1228千米/小时）。而且，在同一介质中，随着温度降低，声速也会降低。

在这里，补充一个概念：马赫数。马赫数是速度与声（音）速的比值，由于声（音）速不同高度、温度与大气密度等状态下具有不同数值，只是一个相对值，每"一马"的具体速度并不固定。马赫其实是奥地利物理学家恩斯特·马赫（Ernst Mach，1838—1916）的名字，由于是他首次引用这个单位，所以用他的名字所命名。马赫数1即一倍声（音）速，马赫数小于1则为亚音速，马赫数大于5左右为超高音速。

※ 学习记忆点：马赫数

马赫数是速度与声（音）速的比值。在海平面标准状态下，在空气中声速为341m/s（大约1228km/h）。

6. 国际标准大气

航空器的飞行性能与大气的物理状态（密度、温度和压强等）有密切关系，而大气物理状态是随其所在的地理位置、季节和高度而变化的。为了准确描述航空器的飞行性能，就必须建立个统一的标准，即标准大气。目前中国采用的是国际标准大气，它是由国际性组织颁布的一种"模式大气"。其规定如下：

海平面高度：0米；

海平面气温：15°C 或 59°F；

海平面气压：1013.25hPa/1013.25mbar/29.92inHg/760mmHg；

密度：1.225千克/立方米；

声速：341米/秒；

对流层高度：11千米（36089英尺）；

对流层内，高度每增加1千米，温度递减6.5℃，或高度每增加1000英尺，温度递减2℃；

11~20千米之间的平流层底部气体温度为常值：-56.5℃。

2.2 气体流动的基本规律

当气流流过物体时，其物理量的变化规律与作用在物体上的空气动力有密切的关系。

2.2.1 相对运动原理

当空气相对于物体流动时，就会对物体产生力。我们生活中常见的大风将大树连根拔起、飞驰的汽车感受到来自风的力量，这都是物体与空气的相对运动。重于空气的飞机，是靠飞机与空气作相对运动时所产生的空气动力，克服自身重力而升空的。

2.2.2 连续性定理与伯努利定理

连续性定理与伯努利定理是分析和研究飞机上空气动力产生的物理原因及其变化的基本定理。

1.连续性定理

流体在运动时，遵循质量守恒定律。这条定律在空气动力学中被称为连续性定理，其数学表达式称为连续性方程。

连续性定理表述为：当流体连续不断而稳定地流过一个粗细不等的管子，由于管中任何一部分的流体都不能中断或挤压起来，因此在同一时间内，流进任意切面的流体质量和从另一切面流出的流体质量应该相等。其数学表达为：

$$\rho VA = C$$

式中，ρ 为空气密度，V 为气流流速，A 为截面面积，C 为常数。

当空气低速流动时（马赫数 $Ma < 0.4$）时，可以认为密度 ρ 是常数，则

$$VA = C$$

上式表明，空气稳定连续地在一个流管流动时，流管收缩，流速增大；流管扩张，流速减慢，即流速大小与流管截面面积成反比。

这一定理在我们生活中也很常见。比如，一条河流河道变窄时，水流比较快，河道变宽时，水流也相对较慢。

2.伯努利定理

流体在运动时，除了遵循质量守恒定律外，还要遵循能量守恒定律。这个定律在空气动力学中称为伯努利定理，其数学表达式称为伯努利方程：

$$P + \frac{1}{2}\rho V^2 = P_0$$

式中，$\frac{1}{2}\rho V^2$ 为动压，表示单位体积空气所具有的动能。P 为静压，指单位体积空气所具有的压力能。在静止的空气中，静压等于当时当地的大气压 P_0 为总压，它是静压与动压之和。总压可以理解为，气流速度减小到零之点的静压。

伯努利定理表述为：稳定气流中，在同一流管的任意截面上，空气的动压和静压之和保持不变。由此可见，动压大，则静压小；动压小，则静压大。即流速大，压力小；流速小，压力大，流速减小到零，压力增大到总压值。

严格来说，伯努利定理在下列条件下，都是适用的：

①气流是连续的、稳定的，即流动是定常的；

②流动的空气与外界没有能量交换，即空气是绝热的；

③空气没有黏性，即空气是理想流体；

④空气密度是不变的，即空气是不可压缩流；

⑤在同一条流线或在同一条流管上。

※**学习记忆点：气体流动的三个基本规律/原理**

气体流动的主要原理：相关运动原理、连续性定理和伯努利定理。

2.3 升力及增升装置

2.3.1 升力产生的原理

相对气流流过翼型时，流线和流管将发生变化，引起绕翼型的压力发生变化，只要上下翼面存在压力差，就会产生升力（图2-2）。其基本原理是：空气流到翼型的前缘，分成上下两股，分别沿翼型的上下表面流过，并在翼型的后缘汇合后向后流去。在翼型的上表面，由于正迎角和翼面外凸的影响，流管收缩，流速加大，压力降低；而在翼型的下表面，由于流管扩张，流速减慢，压力增大。这样，翼型上下表面出现压力差，在垂直于相对气流方向的总压力差，就是翼型的升力。可以用一句话解释升力的产生原理：飞机升力来源于机翼上下表面气流的速度差导致的气压差。

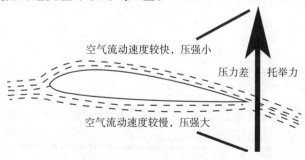

图2-2 升力产生原理示意图

机翼产生升力的大小，与翼型的形状和迎角有很大关系。翼型的几何形状可分为多种，产生的空气动力效果也有很大差别。迎角不同产生的升力也不同，在一定范围内，迎角增大，压力也会增大，但当迎角过大超过一定程度（称临界迎角）时，气流就会在翼型后缘开始分离，反而会出现升力突然下降，阻力迅速增加，即"失速"现象。

※学习记忆点：一句话解释升力产生原理

气流流过机翼上下翼面时，气流速度不同，上下翼面产生压力差，就会产生升力。

2.3.2　升力公式及影响升力的因素

飞机（一般指固定翼飞机）的升力公式可以表示为：

$$L = C_L \cdot \frac{1}{2} \rho V^2 \cdot S$$

式中，C_L 为飞机的升力系数，升力系数综合表达翼型形状、迎角等对飞机升力的影响；$\frac{1}{2}\rho V^2$ 为飞机的飞行动压；ρ 为空气密度；V 为相对速度；S 为机翼的面积。

上式表明，影响升力的因素主要有：翼型和迎角、空气密度、相对速度、翼型面积等因素。

2.3.3　增升装置

我们了解了影响升力的因素，就可以采取措施增加升力，保证在飞机尽可能小的速度下产生足够的升力，提高飞机起飞和着陆时的性能。增加升力的主要措施有：

①改变机翼剖面形状，增大机翼弯度；

②增大机翼面积；

③改变气流的流动状态，控制机翼上的附面层，延缓气流分离。

飞机的增升装置通常安装在机翼的前缘和后缘部位，分别称为前缘襟翼、前缘缝翼和后缘襟翼。其中前缘襟翼用于高速飞机，本书不做介绍。

1. 前缘缝翼

前缘缝翼位于机翼前缘。当缝翼打开时，下翼面的高压气流流过缝隙后，贴近上翼面流动，给上翼面气流补充了能量，降低逆压梯度，延缓气流分离，达到增大升力系数和临界迎角的目的，如图2-3所示。

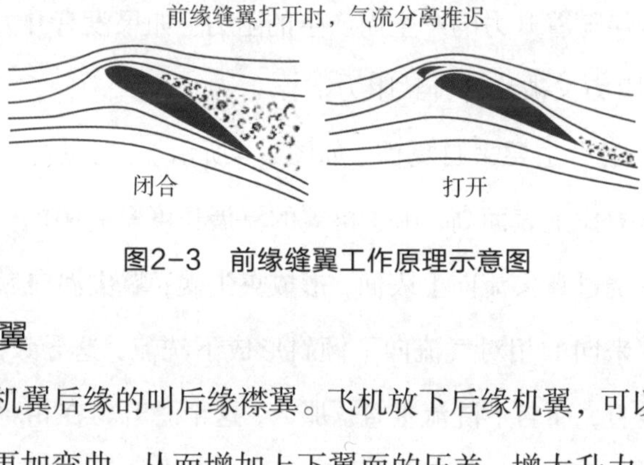

前缘缝翼打开时，气流分离推迟

闭合 打开

图2-3 前缘缝翼工作原理示意图

2. 后缘襟翼

襟翼位于机翼后缘的叫后缘襟翼。飞机放下后缘机翼，可以改变翼型的弯度，使得机翼更加弯曲，从而增加上下翼面的压差，增大升力。当然，这个过程会增加阻力。比较常用的有：简单襟翼、开缝机翼、后退襟翼、后退开缝襟翼等。

※学习记忆点：增加升力的主要措施

（1）改变机翼剖面形状，增大机翼弯度；（2）增大机翼面积；

（3）改变气流的流动状态，控制机翼上的附面层，延缓气流分离。

2.4 阻力及减阻措施

飞机在飞行时，除了在机翼上产生向上的升力外，还会产生阻力。当然，除了机翼产生阻力外，飞机的其他部件，比如机身、尾翼、起落架等也会产生阻力。机翼阻力只是飞机总阻力的一部分。

低速飞行的飞机上的阻力，按照其产生的原因不同可分为诱导阻力、摩擦阻力、压差阻力、干扰阻力等。

2.4.1 诱导阻力

诱导阻力是伴随着升力的产生而产生的阻力。如果没有升力，诱导阻力为零。所以，诱导阻力又被称为升致阻力。

飞机的诱导阻力主要来自翼面（如图2-4所示）。当飞机在飞行时，机翼下表面的气流压力比上表面高，由于机翼的翼展长度是有限的，在翼尖部位下表面气流就力图绕过翼尖流向上表面，形成翼尖涡，翼尖涡向后流形成翼尖涡流。翼尖涡流使来向的相对气流向下倾斜形成下洗流，这导致总升力（L'）不再与相对气流垂直，而与下洗流垂直。那么，这个总升力在相对气流方向会产生一个阻力分量（D），这个阻力就是诱导阻力（如图2-5所示）。

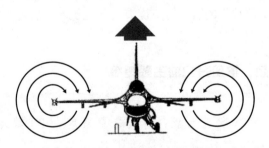

气流由下表面的高压区流向上表面的低压区

图2-4 翼面气流示意图

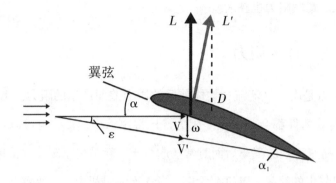

图2-5 诱导阻力产生示意图

诱导阻力与机翼分平面形状、机翼剖面形状、展弦比（即机翼翼展和平均几何弦之比）等有关，可以通过增大展弦比，选择适当的平面形状，以及增加翼梢小翼等减小诱导阻力。

2.4.2 摩擦阻力

摩擦阻力是由于大气的黏性而产生的。当空气气流流过飞机时，由于大气的黏性，紧贴飞机表面的一层空气，其相对速度等于零，就像粘在了机翼表面一样，这些速度为零的空气给飞机表面一个反作用力，这个反作用力就是摩擦阻力。紧贴飞机表面，流速由外界气流速度逐渐低为零的这层薄薄的空气层叫作"附面层"，飞机的摩擦阻力就是在附面层中产生的。

由于气流在流过机翼时，因机翼厚度不同，附面层的气流运动会发生不规则的变化，在这个过程中，附面层从"层流"附面层逐渐变为"紊流"附面层，飞机表面对气流的阻滞作用变大，也就是说，"紊流"附面层的摩擦阻力比"层流"附面层的摩擦阻力要大。

此外，摩擦阻力的大小与飞机的表面情况、气流与飞机表面接触面积、附面层气流流动情况等都有关系。总之，气流黏性越大，飞机表面越粗糙，飞机表面积越大，摩擦阻力也越大。

2.4.3 压差阻力

压差阻力是由于气流流过物体前后的压力差而产生的阻力。飞机的机翼、机身和尾翼等部件都会产生压差阻力。日常生活中，我们也可以发现这一现象，比如，高速行驶的汽车后面时常扬起尘土，就是由于车后涡流区的空气压力小，吸起灰尘的缘故。以机翼为例，当气流流过机翼时，机翼前缘部分由于气流受阻，压强增大；气流流过机翼后缘部分时，会产生附面层分离涡流区，压强降低，这样机翼前后就产生了压力差，从而使机翼产生压差阻力。

压差阻力的大小与迎风面积、机翼形状和迎角有关。迎风面积越大，压差阻力越大；翼型形状如果翼型前端圆钝，后面尖细，压差阻力较小；迎角越大，压差阻力越大。

2.4.4 干扰阻力

飞机由多个部分组成，比如机身、机翼、尾翼等，而飞机各部分之间由于气流的相关干扰产生的额外阻力，称为干扰阻力。

干扰阻力和飞机不同部件之间的相对位置有关。因此，在飞机设计和制造时要妥善考虑各部件的相对位置，必要时在不同部件之间加装一些整流措施，以减少干扰阻力。

2.4.5 总阻力

在以上四类主要阻力中，摩擦阻力、压差阻力、干扰阻力可统称为废阻力，而飞机的总阻力是诱导阻力和废阻力之和。飞机在低速飞行时，诱导阻力占支配地位；高速飞行时，废阻力占支配地位；当两者相等时，总阻力最小，升阻比最大。

※ **学习记忆点：阻力**

阻力主要分为四类：诱导阻力、摩擦阻力、压差阻力、干扰阻力。摩擦阻力、压差阻力、干扰阻力可统称为废阻力，而飞机的总阻力是诱导阻力和废阻力之和。

2.5 直升机的飞行原理

相比于固定翼飞机，直升机的飞行特点是：能够垂直起降，对起降场地没有太多特殊要求，能够空中悬停，能够任意方向飞行。但是，飞行速度比较低，飞行航程短、高度低，振动和噪音较大。直升机与固定翼飞机的飞行原理不同。

2.5.1 直升机旋翼的空气动力

旋翼是直升机的关键部件。它由数片（至少2片）桨叶和桨毂构成，形如细长机翼的桨叶连接在桨毂上。桨毂安装在旋翼轴上，旋翼轴方向接近铅垂方向，一般由发动机带动旋转。旋转时，桨叶与周围空气相互作用，产生空气动力（见图2-6）。

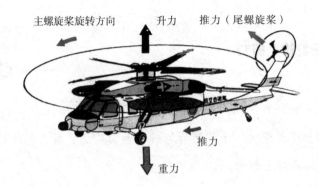

主螺旋桨旋转方向　升力　推力（尾螺旋桨）

推力

重力

图2-6　直升机空气动力示意图

2.5.2　直升机的飞行性能

直升机的飞行性能分为垂直飞行性能和前飞性能两类。

垂直飞行性能包括：在定常状态（作用在直升机上的力和力矩都处于平衡的、无加速度的运动状态）时不同高度的垂直上升速度，垂直上升速度为零所对应的极限高度为理论静升限，也称为悬停高度。这个高度是理论值，是达不到的。因此，通常把垂直上升速度为0.5米／秒所对应的高度称为实用静升限或实用悬停高度。

直升机前飞性能类似于固定翼飞机的飞行性能，包括：平飞速度范围（巡航速度、有利速度和最大速度等）、爬升性能（最大爬升率、爬升高度及爬行时间）、续航性能（最大续航时间、最大航程）、自转下滑性能等。

2.6　飞机结构

经过100多年的发展，飞机的种类繁多，人们比较常见的飞机主要有固定翼飞机和直升机。下面简要介绍一下这两种类型飞机的总体结构。

2.6.1 固定翼飞机的总体结构

固定翼飞机的总体结构可分为机身、机翼、尾翼、起落装置和动力装置五部分组成，如图2-7所示。

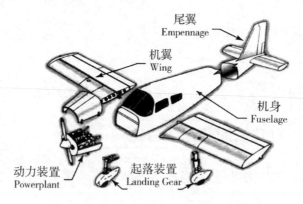

图2-7 固定翼飞机总体结构图

机身：飞机的主体，是飞机上其他部件的共同附着点，包括驾驶舱、行李舱、客舱等。

机翼：连接于机身两侧，是为飞机提供升力的重要部分。机翼还包括翼梁、翼肋、桁条和蒙皮。机翼后缘装有可活动的副翼和襟翼，操控副翼可以实现飞机的滚转，操纵襟翼可以增加升力以及用于减速。目前，很多固定翼飞机的油箱也设置在机翼内部。

尾翼：连接于飞机的尾部，通常有垂直尾翼和水平尾翼组成。操控垂直尾翼可以实现飞机偏转，操控水平尾翼可以实现飞机升降。

起落装置：用于支持飞机在地面或水面起落和停放。陆地飞机的停放、滑行、起降都需要起落装置支撑飞机重量、吸收撞击能量。水上飞机可以使用浮筒或船身作为起落装置。考虑到固定翼飞机需要滑跑来获得升力，所以固定翼飞机一般采用轮式起落装置，有的可收放，有的不可收放。

动力装置：是为飞机提供动力的部分，包括发动机、燃油、滑油、散热系统等。

※ 学习记忆点：固定翼飞机总体结构

　　固定翼飞机的总体结构可分为机身、机翼、尾翼、起落装置和动力装置五部分组成。

2.6.2 直升机的总体结构

直升机的总体结构可分为机身、主旋翼系统、尾桨系统、起落装置和动力系统五部分组成，如图2-8所示。

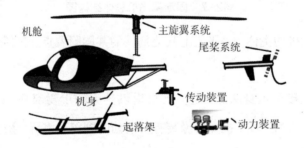

图2-8 直升机总体结构图

机身：直升机的主体，是直升机上其他部件的共同附着点，包括驾驶舱、机载设备等。

主旋翼系统：连接于机身上方，是为直升机提供升力的重要部分。根据不同的直升机类型，机身上方可以有一到两个主旋翼系统。

尾桨系统：连接于直升机的尾部，通常有尾桨、垂尾、平尾等组成。通过尾桨系统可以用来平衡反扭矩和对直升机进行航向操纵的部件。

　　起落装置：用于支持直升机在地面或水面起落和停放。水上直升机可以使用浮筒作为起落装置；轻小型直升机一般采用滑橇式起落装置；中重型直升机一般采用轮式起落装置。

　　动力系统：是为直升机提供动力的部分，包括发动机、燃油系统等。

※ **学习记忆点：直升机总体结构**

　　直升机的总体结构可分为机身、主旋翼系统、尾桨系统、起落装置和动力系统五部分组成。

※　课后习题

1.大气环境分为哪几层？航空器主要在哪个层运行？

2.大气的三个状态参数分别是什么？

3.马赫数是什么？在标准大气压下，1个马赫数指多少速度？

4.气体流动的三个基本规律/原理分别是什么？

5.请用一句话解释飞机升力产生的基本原理。

6.请列举2~3项可以提高升力的措施。

7.判断题：诱导阻力是伴随着升力的产生而产生的阻力。（　　）

8.请列举出一般固定翼飞机的五个主要组成部分。

第 3 章

通用航空器

在地球大气层内外飞行的器械称为飞行器。按照飞行环境和工作方式的不同，飞行器可分为三类：航空器、航天器、火箭和导弹。通用航空器隶属于航空器的范畴。

3.1　航空器

航空器要飞到空中，必须产生升力。根据升力产生的来源不同，航空器分为轻于同体积空气的航空器和重于同体积空气的航空器两大类。其中，轻于同体积空气的航空器靠空气的静浮力升空，而重于同体积空气的航空器靠与空气相对运动产生升力升空。根据构造特点不同，航空器还可以进一步细分，如图3-1所示。

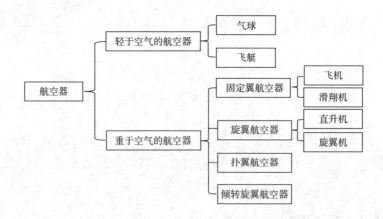

图3-1　航空器分类

3.1.1 轻于空气的航空器

轻于空气的航空器主要包括气球和飞艇。我们在航空发展史中做过介绍，气球和飞艇都是早期出现的航空器。

气球一般无推进装置，主体为气囊，气囊下面通常有吊篮或吊舱，见图3-2所示。按照气囊里所充气体的种类，可分为热气球、氢气球、氦气球等。由于气囊中的气体密度比空气小，使得气球在空气中产生浮力而升空。气球目前主要应用于气象、地面和空间探测、通信中继、航空运动等领域。

飞艇与气球最大的不同是有推进装置，可控制飞行。此外，为了减小航行的阻力，飞艇一般设计成流线型。根据结构形式不同，飞艇可分为软式、硬式和半硬式三种。在飞机出现之前，飞艇曾广泛应用于侦察与巡逻、反潜、兵力运送等领域，目前主要应用于商业广告等领域。

图3-2 民用载人飞艇AS700

3.1.2 重于空气的航空器

重于空气的航空器靠自身与空气相对运动产生的升力升空飞行。常见的重于空气的航空器主要有固定翼和旋翼两类，另外还有扑翼航空器和新出现的倾转旋翼航空器。

1. 固定翼航空器

固定翼航空器包括飞机和滑翔机。飞机是当前应用最广泛、最主要的固定翼航空器，其主要特点是装有提供推力或拉力的动力装置，由固定机翼产生升力，由操纵面控制飞行姿态。滑翔机通常没有动力装置或仅有小型的辅助动力装置，可由飞机拖曳起飞或者用地面车辆等牵引起飞，以获得初始高度，自由飞行阶段无自身动力。现代滑翔机主要用于体育运动，图3-3所示为一种用于体育运动的滑翔机。

图3-3　滑翔机

2. 旋翼航空器

旋翼航空器由旋转的旋翼产生空气动力，主要包括直升机和旋翼机。直升机是以航空发动机驱动旋翼旋转作为升力和推力来源，是能在大气中垂直起降、悬停、前后和侧向飞行等可控飞行的航空器。直升机是在民用和军用领域应用最为广泛的旋翼航空器。旋翼机，也称为自转旋翼机，图3-4所示为一款旋翼机。它的旋翼本身不是由动力装置驱动的，而是在前进时在空气动力作用下像风车一样自行旋转产生升力起飞，它不能垂直起飞、不能悬停。目前旋翼机主要用于航空体育运动或空中游览。

图3-4 旋翼机

3. 扑翼航空器

扑翼机又称振翼机（见图3-5所示），其机翼能像鸟和昆虫的翅膀一样上下扑动，既产生升力，又产生向前的推力。千百年来，人类一直渴望像鸟一样飞行。航空器技术发展至今，人类对这一梦想的追求从未放弃，但是对于鸟类飞行时翅膀的空气动力规律至今未能完全掌握。人类在无人微型扑翼飞行器研发方面有所进展，但有实用价值的扑翼机仍处于研制阶段。

图3-5 扑翼航空器

4. 倾转旋翼航空器

倾转旋翼机又称可倾转旋翼机，同时具有旋翼和固定翼，并在机翼两侧翼梢处各安装一套可在水平与垂直位置之间转动的旋翼倾转系统。倾转旋翼机在引擎旋转到垂直位置时相当于横列式直升机，可进行垂直起降、悬停、低速空中盘旋等直升机的飞行动作；而在引擎旋转至水平位置时相当于螺旋桨飞机，可实现比直升机更快的航速。以上特点使得倾转旋翼机兼具直升机和固定翼飞机的优点，是未来航空器发展的方向之一。最典型的倾转旋翼机是美国的军用"鱼鹰"倾转旋翼机，如图3-6所示。

图3-6　V-22"鱼鹰"倾转旋翼机

※ 学习记忆点：航空器

　　根据升力产生的来源不同，航空器分为轻于同体积空气的航空器和重于同体积空气的航空器两大类。

　　轻于空气的航空器主要包括气球和飞艇。

　　常见的重于空气的航空器主要有固定翼和旋翼两类，另外还有扑翼航空器和新出现的倾转旋翼航空器。

　　固定翼航空器主要包括飞机和滑翔机。

　　旋翼航空器主要包括直升机和（自）旋翼机。

3.2　通用航空器

3.2.1　通用航空器的定义

我们讨论通用航空的定义时已指出，对于通用航空的定义，各国和各行业组织的说法不一，世界上还没有一个严格统一的定义。同样，关于通用航空器的定义，也没有统一严格的定义。一般来讲，通用航空器就是通用航空飞行和生产所使用的航空器，是航空器的重要组成部分。按照通用航空的一般理解，也可以认为通用航空器是从事公共航空运输以外的民用航空活动所使用的航空器，包括从事工业、农业、林业、渔业、矿业、建筑业的作业飞行和医疗卫生、抢险救灾、气象探测、海洋监测、科学试验、遥感测绘、教育训练、文化体育、旅游观光等方面的飞行活动所用的航空器。

3.2.2　通用航空器的种类

由于通用航空器是航空器的重要组成部分，因此，通用航空器可以根据升力产生的来源不同，分为轻于同体积空气的通用航空器和重于同体积空气的通用航空器两大类。除了气球和飞艇外，用于通用航空的航空器主要包括固定翼飞机、滑翔机和直升机三大类。其中，固定翼飞机按发动机类型可分为活塞式飞机、涡桨式飞机和喷气式飞机，按照发动机数量可分为单发飞机和多发飞机；直升机按采用的发动机类型可分为活塞式直升机和涡轴式直升机。此外，通用航空器按照机上有无人驾驶，还可分为无人机和有人机。在美国通用航空制造商协会（GAMA）的统计表中，通用飞机是按发动机类型和发动机数量进行分类的，分别是单发活塞式、多发活塞式、涡桨式和喷气式公务机。公务机是通用飞机中相对独立的类型。

本书着眼于全球通用航空主要的应用市场类型，我们将重点按照一般固定翼飞机、直升机和公务机三个类型对通用航空器进行介绍，并对近年来发展迅速的无人机进行单独的介绍。

3.3 一般固定翼飞机及主要制造商

在通用航空领域，一般固定翼通用飞机多以中小型飞机为主，通常载客在30人以下，多为活塞式飞机或涡桨式飞机。活塞式飞机在数量上占据了通用飞机的较大比重，而且活塞式飞机多为小型飞机，价格便宜。涡桨式飞机较活塞式飞机的尺寸更大，飞行速度更快，价格也更高。

3.3.1 一般固定翼飞机主要制造商及主要机型

表3-1 一般固定翼飞机主要制造商及主要机型汇总表

空中拖拉机公司（Air Tractor）	主要机型
美国空中拖拉机公司是一家美国飞机制造商，1978年创立，总部位于得克萨斯州奥尔尼	AT-401B AT-402A AT-402B AT-502A AT-502B AT-504 AT-602 AT-802 AT-802A AT-802AF AT-802F
美国冠军飞机公司（American Champion Aircraft）	**主要机型**
美国冠军飞机公司是一家位于美国威斯康星州伯灵顿的飞机制造公司，主要生产活塞发动机飞机	7ECA Citabria Aurora 7GCAA Citabria dventure 7GCBC Citabria Explorer 8GCBC Scout 8KCAB Super Decathlon 8KCAB Xtreme Decathlon

（续表）

中航工业通飞公司（AVIC General）	主要机型
中航工业通飞公司是中国航空工业集团有限公司旗下按照国务院批复组建的大型国有企业集团，由航空工业、广东粤财、广东恒健和珠海格力航投投资设立，总部位于广东珠海。主营业务涉及通用航空器研制、通航运营与服务、航空零部件、非航空制造四大领域	Y5B LE500 A2C Y12 Series
西锐飞机公司（Cirrus Aircraft）	**主要机型**
西锐飞机公司始创于1984年，是小型飞机的全球领先制造商，总部位于美国明尼苏达州德鲁斯市。2011年中航工业通飞完成对西锐的收购	SR20 SR22 SR22T
小熊飞机（Cub Crafters）	**主要机型**
小熊飞机是一家美国飞机制造商，最早可追溯到20世纪80年代，专注于越野式私人飞机制造	CCX-1865 FX-2 Carbon Cub CCX-2000 FX-3 Carbon Cub CCX-2300 NXCub CC11-160 Carbon Cub SS CC18-180 Top Cub CC19-180 Xcub
达赫（DAHER）	**主要机型**
法国达赫公司是一家飞机制造商以及工业和服务设备供应商，它的主要产品是TBM系列快速单引擎涡轮螺旋桨飞机	Kodiak 100 TBM 910 TBM 940 Homesafe
钻石飞机公司（Diamond Aircraft）	**主要机型**
钻石飞机公司是一家位于奥地利的全球性飞机制造商，创立于1981年。钻石飞机具有操作简易、飞行安全和经济适用等诸多优点。2017年，中国万丰航空公司完成对钻石飞机公司的收购	DA20 DA40 DA42 DA62

（续表）

皮拉图斯飞机公司（Pilatus）	主要机型
皮拉图斯飞机有限公司成立于1939年，是世界上领先的单引擎涡轮螺旋桨飞机制造商，总部位于瑞士，公司开发、制造和销售飞机和训练系统	PC-6 PC-12 PC-24
派珀飞机公司（Piper Aircraft）	**主要机型**
派珀飞机公司成立于1937年，是全球最大的通航飞机制造商之一，总部位于美国佛罗里达维罗海滩	PA-28-161 Warrior III PA-28-181 Pilot 100i PA-28-181 Archer III PA-28R-201 Arrow PA-34-220T Seneca V PA-44-180 Seminole PA-46-350P M350 PA-46-500TP M500 PA-46-600TP M600/SLS
泰克南飞机公司（TECNAM Aircraft）	**主要机型**
泰克南飞机公司是一家著名的意大利飞机制造商，成立于1948年，总部位于意大利卡普亚	ASTM - LSA P2002JF P92JS P2008JC P2006T P2010P Twenty Ten P2012 Traveller
塞斯纳飞机公司（Cessna Aircraft）	**主要机型**
赛斯纳飞机公司成立于1927年，是世界上设计与制造轻、中型商务飞机、涡轮螺旋桨飞机以及单发活塞式发动机飞机的主要厂商。公司总部位于美国堪萨斯州威奇塔。自1991年起，赛斯纳成为Textron（德事隆）跨国工业集团的子公司	CE-172S Skyhawk SP CE-182T Skylane CE-T206H Turbo Stationair
中航工业哈尔滨飞机工业集团有限责任公司	**主要机型**
中航工业哈尔滨飞机工业集团有限责任公司（简称"航空工业哈飞"）创建于1948年，是我国"一五"时期156个重点建设项目之一	运11B 运12E 运12F

3.3.2 一般固定翼飞机代表机型

1.塞斯纳-172型飞机

塞斯纳-172型飞机是美国塞斯纳飞机公司研制的单发四座活塞式小型通用飞机，也被称为"天鹰"，1956年投入生产。在塞斯纳公司的小型通用飞机系列中，172型是最早采用前三点式起落架的，也是在世界范围内最受欢迎的一种供私人使用的飞机。到了1996年，塞斯纳公司生产了新型C-172R飞机，这款新型172R最大推力达到了160马力，最大起飞重量达到了2450磅。这款机型作为现代化的小型机，坚固耐用，性能优异，符合民航仪表飞行要求，容易驾驶和维护，且对于起降场地的要求不高，几乎能在海拔3000米以下的任何平坦地面降落，是目前国内数量最多的通用航空飞机，也是国内最主要的初级教练机。

表3-2 塞斯纳-172型

	主要技术指标
型号	塞斯纳-172
座位	4个
机长	8.28米
机高	2.72米
翼展	11.0米
空重	762千克
发动机	IO-360-L2A
巡航速度	230千米/小时
航程	1185千米
最大起飞重量	1157千克
起飞距离	497米
着陆距离	207米

2. 钻石 DA40 NG（奥地利）

钻石 DA40 NG 是钻石飞机制造公司研发的轻型飞机，该飞机以其出色的性能在国际世界上享有盛名，销量高达3000多架。2017年，中国万丰航空公司完成对钻石飞机公司的收购。自2008年取得生产许可证以来，已经向国内外销售百架，实现销售额2亿元。该飞机主要用于飞行训练，DA40也由此占据了国内单发教练机90%以上的市场。

表3-3　钻石DA40 NG

主要技术指标	
型号	钻石 DA40 NG
座位	4个
机长	8.06 米
机高	1.79 米
翼展	11.63 米
空重	900 千克
发动机	Austro Engine AE 300
巡航速度	285 千米 / 小时
航程	1740 千米
最大起飞重量	1310 千克
起飞距离	370 米
着陆距离	270 米

3. 西锐 SR-2X

西锐 SR-2X 系列飞机是活塞飞机中奢侈旅行的典范。它使飞行员可以在多种因素中取得最佳的飞行平衡，如性能、操控、感受、降荷技术以及全天候能力，包括西锐防冰保护功能。它还为商务人士提供了用最短时间进行旅行的最佳方案。舒适和高品位的内饰设定了这一级别飞机的新标准。主动和被动安全性的结合，重新定义了安全和平稳。

表3-4 西锐SR-2X

	主要技术指标
型号	西锐 SR-2X
座位	4 个
机长	7.9 米
机高	2.7 米
翼展	11.7 米
空重	285 千克
发动机	Continental IO-550-N
巡航速度	334 千米 / 小时
航程	2164 千米
最大起飞重量	1542 千克
起飞距离	313 米
着陆距离	348 米

4. 小鹰500

小鹰500飞机是中航工业石家庄飞机工业有限责任公司、中航工业第一飞机设计研究院及中国民航飞行学院合作开发研制的4至5座轻型多用途飞机。该机按单驾驶体制、双操纵设计，采用常规布局，前三点可收放式起落架，配置美国莱康明公司产260马力IO-540-V4A5型发动机、美国哈策尔公司产两叶、恒速、变距螺旋桨，我国具有完全自主知识产权，是我国首次完全按CCAR-23-R2航空规章进行设计、试验、生产的国产轻型飞机。小鹰500飞机基本型为教练机，是我国目前唯一能完全满足CCAR-141部对单发飞机飞行员商照培训要求的机型，经改装后可作为商务机、旅游用机、农林牧渔业或环保监测用机，也可作为航空探测、摄影、航空俱乐部、警用及私人用机。小鹰500固定式起落架飞机、综合屏显飞机、带自动驾驶仪及小功率发动机飞机等将陆续投放市场。

表3-5　小鹰500

主要技术指标	
型号	小鹰500
座位	4~5个
机长	7.71米
机高	3.03米
翼展	9.88米
发动机	IO-540-V4A5
巡航速度	250千米/小时
航程	1790千米
最大起飞重量	1400千克
起飞距离	383米
着陆距离	270米

5. 运5（Y5B）

运5B飞机是中航工业石家庄飞机工业有限责任公司生产的轻型多用途飞机。该机配装波兰产1000马力Asz-62IR-16活塞发动机、国产J12B-G15螺旋桨，拥有运5B农林型、运5B客机型、运5B多用途型、运5B跳伞型、运5B公务型五个型别，可广泛运用于农林作业、飞行员培训、旅游、航拍、航测、空投伞降、客货运输、勤务用机等多个领域，是对社会贡献最大的通用航空机种，在国民经济和其他领域起着重要作用。为使运5B系列飞机能够更好地为通航领域服务，以现有运5B飞机为平台，更多功能拓展及换装涡桨发动机等工作正在进行中。

表3-6　运5

	主要技术指标
型号	运5
座位	12个
机长	12.688米
机高	6.097米
上翼展	18.176米
下翼展	14.236米
发动机	Asz-62IR-16
最大平飞速度	256千米/小时
航程	1560千米
最大起飞重量	5250千克
起飞距离	150米
着陆距离	170米

6.运12（Y12）

运12（Y12）轻型运输机是中航工业哈尔滨飞机制造公司在运11基础上深入改进研制的轻型双发多用途运输机。可用作客货运输、空投空降、农林作业、地质勘探，还可改装成电子情报、海洋监测、空中游览和行政专机等。1985年，运12飞机取得了中国民航局颁发的第一个民用飞机型号合格证，1986年又取得该局颁发的第一个生产许可证。在其巅峰时期（2000年6月前），共有102架运12飞机外销非洲、澳洲、美洲、亚洲、北美洲的18个国家。

表3-7　运12

主要技术指标	
型号	运12
机长	14.86米
机高	5.575米
翼展	17.235米
发动机	PT6A-27
巡航速度	240千米/小时
航程	1400千米
最大起飞重量	5000千克
起飞距离	385米
着陆距离	710米

※ 学习记忆点：列举通航领域一般固定翼飞机的代表机型

塞斯纳-172、钻石DA40、西锐SR-2X、小鹰500、运5、运12等。

3.4　直升机及主要制造商

在通用航空的应用领域，直升机一般采用活塞发动机或涡轴发动机两种动力形式。目前，活塞发动机只使用在轻型直升机上，其他大部分直升机采用涡轴发动机。相比于固定翼飞机，直升机由于对起飞场地的要求相对较低，在通用航空领域可以发挥独特作用。

3.4.1　直升机主要制造商及主要机型

表3-8　直升机主要制造商及主要机型汇总表

空客直升机（Airbus Helicopters， 原欧洲直升机公司）	主要机型
空客直升机公司前身为欧洲直升机公司（Eurocopter），该公司创建于1992年，是由德国戴姆勒—克莱斯勒宇航和法国宇航两家公司的直升机事业部合并而成，是欧洲宇航防务集团（EADS）下属的全球最大的直升机制造公司。2014年欧洲宇航防务（EADS）集团宣布更名为空中客车集团，欧洲直升机公司也正式更名为空中客车直升机公司	HC120（prev. EC120） AS350 B2 H125 / H125M（prev. EC125 / AS350 B3e / AS550 C3e） H130（prev. EC130） AS355 NP / AS555 AP H135 / H135M（prev. EC135 / EC635） H145 / H145M（prev. EC145 / EC645 / UH-72A） AS365 N3 / AS565 Mbe H155（prev. EC155） H160 H175（prev. EC175） H215 / H215M（prev. AS332 / AS532） H225 / H225M（prev. EC225 / EC725） TIGER
贝尔直升机（Bell Helicopter）	主要机型
贝尔直升机公司成立于1935年，其前身为贝尔飞机制造集团，是全球第一家获得商用直升机许可的公司。贝尔直升机公司的总部设在美国得克萨斯州的 Fort Worth，并且在达拉斯 /Fort Worth 地区、加拿大魁北克的 Mirabel，以及得克萨斯州的 Amarillo 都设有生产厂	505　206B 206L / LT / L-4 407 / GX / GXi / GXP 412 / EP / EPI 427　429 / WLG　430 Huey II　H-1　V22

（续表）

勃兰特利直升机（Brantly）	主要机型
美国勃兰特利国际公司（Brantly）位于美国得克萨斯州，是一家拥有50多年历史的轻型直升机制造商和相关服务的公司	B-2B
恩斯特龙直升机（Enstrom Helicopter Corp.）	主要机型
美国恩斯特龙直升机公司是一家致力于轻型直升机的设计、生产，研发活塞式和涡轮式直升机的著名美国直升机制造商。公司成立于1959年，恩斯特龙总部位于密歇根州梅诺米尼，在30多个国家拥有销售网络。2021年被重庆直升机产业投资有限公司收购	F-28/280 480 F-28/280（军用） 480（军用）
卡曼直升机（Kaman）	主要机型
卡曼飞机是一家美国飞机公司，于1945年创立，总部位于康涅狄格州布卢姆菲尔德	K-1200
法国Guimbal（Hélicoptères Guimbal）	主要机型
法国Guimbal是一家直升机公司，公司成立于2000年，其主要产品Cabri直升机最早于1992年生产	Cabri G2
席勒直升机（Hiller）	主要机型
席勒飞机公司是一家美国飞机公司，也被称作希勒飞机公司，成立于1942年，公司已经为民用、军用、政府等部门生产了3000多架直升机	UH12E

（续表）

莱奥纳多直升机［Leonardo Helicopters（prev. AgustaWestland）］	主要机型
意大利莱奥纳多直升机是全球第一大商用直升机制造商，创建于1907年，总部位于意大利罗马。在百年企业历程中，莱奥纳多直升机先后研发和生产了20多种不同型号直升机，其产品交付全球上百个国家和地区，广泛应用于私人 VIP、空中游览、空中商务快线、海油作业、紧急医疗救援（HEMS）、警用、公共市场、通用作业等多种任务领域	AW119 Kx AW109 Power AW109 Trekker AW109 GrandNew AW139 AW169 AW149 / AW189 AW159 SUPER LYNX T129 AW101 CH47F SW4 W3
麦道直升机（MD Helicopters）	主要机型
麦道直升机公司的前身是麦克唐纳－道格拉斯公司直升机系统公司，该公司是一家专营直升机制造、销售和支持的美国航空制造商。麦道直升机公司生产商业和军事用途的轻型通用直升机	500 520N 530 600 900
罗宾逊直升机（Robinson Helicopter Company）	主要机型
罗宾逊直升机公司是一家美国民用直升机制造商，成立于1973年，总部位于加利福尼亚州托兰斯 Zamperini Field	R22 R44 Cadet R44 Raven I / II R66
施瓦泽飞机公司（Schweizer Aircraft）	主要机型
施瓦泽飞机公司位于美国纽约州霍斯海德市，于1939年成立，主要生产帆船和直升机，是美国历史最悠久的私人飞机公司。2004年8月被西科斯基飞机公司收购	300C 300CB/300CBi 330/333

（续表）

西科斯基飞机公司 （Sikorsky Aircraft Corp.）	主要机型
西科斯基飞机公司是一个位于美国康涅狄格州斯特拉特福的飞机制造商，于1923年由伊戈尔西科斯基建立，是首批制造民用和军用直升机的公司之一。现母公司为洛克希德马丁公司	S-70 S-76 S-92 Blackhawk Seahawk CH-53K CH-148（S-92）
中航直升机有限责任公司	**主要机型**
中航直升机有限责任公司前身是哈飞航空工业股份有限公司，成立于1999年，主要运营基地分布于天津市滨海新区、哈尔滨市、景德镇市和保定市等地区，是中国航空工业的核心产业和大型航空骨干企业之一。下设中国直升机设计研究所、哈尔滨飞机工业集团有限责任公司、昌河飞机工业（集团）有限责任公司和惠阳航空螺旋桨有限责任公司，主要经营直升机及其他航空器、航空零部件的研发、生产、销售、维修、服务	AC313 AC311 AC352 直8 直10 直9EC 直11 直19E

3.4.2　直升机代表机型

1.贝尔407GX

贝尔407是达信集团贝尔加拿大直升机公司研制的7座单发轻型直升机。贝尔407的原型机和预生产型机分别于1995年6月29日和7月13日首飞。1995年11月10日首架生产型直升机飞行，1996年2月首次交付使用。贝尔407直升机可实施垂直起落、左右横行、前进及倒退，并能在空中悬停和定点转弯等。因其具有机身小、飞行灵活的特点，所以适合执行公务、医疗急救、抢险救灾、海洋作业、航拍等。

表3-9 贝尔407GX

	主要技术指标
型号	贝尔407GX
座位	7个
机长	10.6米
机高	3.1米
主旋翼直径	10.7米
尾桨直径	1.6米
发动机	250–C47B
高速巡航速度	246千米／小时
航程	611千米
最大起飞重量	2381千克
最大续航时间	228分钟
有地效悬停升限	3719米
无地效悬停升限	3182米

2.罗宾逊 R22 BETA II

美国罗宾逊直升机公司所研制的 R22 BETA II 保持了在相同重量等级内的包括速度、高度和距离的每一项性能记录，最新型的 R22 BETA 仍然拥有在飞机行业内最实惠的价格和最低的操作成本。R22是一个设计卓越的典型范例。在同一等级中再也没有其他直升机能够与它的速度、安全性、可承受价格及较低的运营成本相比较。R22相对于其他轻型直升机而言，有着较少的由于飞机或发动机故障而发生的事故。在设计过程中，罗宾逊对高品质、原材料及技术的承诺，使得该款机型成为飞行训练、无线电交通运输监视、电源线巡逻等方面的持久选择。

表3-10　罗宾逊R22 BETA II

	主要技术指标
型号	罗宾逊 R22 BETA II
座位	2个
机长	6.5米
机高	2.7米
主旋翼直径	7.67米
发动机	Lycoming O-360 四缸
巡航速度	178千米/小时
航程	460千米
空重	399千克
有地效悬停升限	2865米
无地效悬停升限	3000米

3.罗宾逊 R44 Raven II

R44直升机独特的设计及可靠的性能是私用、商用和通用航空的理想选择。R44直升机可装备固定或应急快速充气浮筒-R44水上机，能在水上飞行和起降。另外，R44直升机还可配备警用设备-R44警用机，或配备供现场电视直播的设备-R44新闻机。R44 ravenII 雷鸟（RAVEN）采用新开发的液压助力系统为标准设备，消除了驾驶杆机械传动产生的振动现象，使驾驶更轻松、柔和。R44雷鸟（RAVEN）的机体线条优美，其设计符合空气动力学原理，提高了速度和效率，巡航速度可高达202千米/小时，而平均耗油量仅为56升/小时。

表3-11 罗宾逊R44 Raven II

	主要技术指标
型号	罗宾逊 R44 Raven II
座位	4个
机长	8.96米
机高	3.3米
主旋翼直径	10米
发动机	Lycoming IO-540六缸
巡航速度	202千米/小时
航程	550千米
空重	683千克
有地效悬停升限	2727米
无地效悬停升限	2286米

4.空客 H125

H125（原欧直 AS350 B3e）是空中客车公司 Ecureuil 家族的一员，该家族在全球累计飞行时间近3600万小时。H125在性能、多功能性、低维护和低购置成本方面超过了所有其他单引擎直升机，同时在高温和极端环境中表现出色。

表3-12　空客H125

主要技术指标	
型号	空客H125
座位	7个
机长	10.93米
机高	3.14米
主旋翼直径	10.69米
发动机	Safran Helicopter Engines Arriel 2D
巡航速度	235千米/小时
最大航程	652千米
空重	1232千克
有地效悬停升限	4260米
无地效悬停升限	3230米

5.空客 H135

空客直升机 H135（原欧直 EC135）是一款由空中客车直升机公司制造的双引擎民用直升机，它具有按照仪表飞行规则飞行的能力。H135直升机于1996年开始服役，已经生产了1000多架飞机。它被广泛运用于警务与急救领域，同时也用于执行运输任务。

表3-13 空客H135

	主要技术指标	
	型号	空客H135
	座位	8个
	机长	12.26米
	机高	3.9米
	主旋翼直径	10.4米
	发动机	SAFRAN ARRIUS 2B2 Plus
	巡航速度	252千米/小时
	最大航程	633千米
	空重	1455千克
	有地效悬停升限	2728米
	无地效悬停升限	2195米

6. 中直 AC311

AC311直升机为2吨级轻型民用直升机,是中航工业直升机公司继中国第一架大型民用运输直升机 AC313 成功首飞后推出的又一型具有完全自主知识产权的民用直升机。AC311直升机是在 Z11MB1 直升机基础上的最新改进型,最大起飞重量2200千克,可乘坐6人,升限可达7000米,可在我国西部高原地区使用。该机采用数字化设计和制造技术,机身设计为水滴型,采用复合材料旋翼,配置高度集成化的综合航电系统,可广泛应用于客货运输、公安执法、医疗救护、护林防火等任务。

表3-14　中直AC311

主要技术指标	
型号	中直AC311
座位	6个
发动机	LTS101-700D-2
最高巡航速度	242千米/小时
最大航程	620千米
最大起飞重量	2200千克
实力升限	7000米

3.5　公务机及主要制造商

公务机是在行政事务和商务活动中用作交通工具的飞机, 亦称行政机或商务飞机。公务机的座位数一般在4座以上, 采用喷气式发动机或涡桨式发动机为动力。

3.5.1　公务机主要制造商及主要机型

表3-15　公务机主要制造商及主要机型汇总表

空客公司（Airbus）	主要机型
空中客车公司（简称空客）是欧洲一家飞机制造、研发公司, 1970年12月于法国成立。空中客车公司的股份由欧洲宇航防务集团公司（EADS）100%持有	Airbus Corporate Jet （all models） ACJ318　ACJ319　ACJ319neo ACJ320ceo　ACJ320neo ACJ321　ACJ330　ACJ340　ACJ350

（续表）

波音公司（Boeing Business Jets）	主要机型
波音公司是全球最大的航空航天业公司，也是世界领先的民用和军用飞机制造商。波音公司还提供众多军用和民用支持服务，其客户分布在全球150个国家和地区	Boeing Business Jet/Jet 2/Jet 3 Boeing Business Jet Max 7/ Max 8/ Max 9 Boeing 737–800 Boeing Business Jet 747 Boeing Business Jet 767 Boeing Business Jet 777 Boeing Business Jet 787
庞巴迪公司（Bombardier Business Aircraft）	主要机型
庞巴迪公司成立于1942年，是全球唯一同时生产飞机和机车的设备制造商，是全球第三大民用飞机制造商，总部位于加拿大	Learjet 40/XR Learjet 45/XR Learjet 60/XR Learjet 70 / 75 / 75 Liberty Challenger 300/350 Challenger 604 / 605 / 650 Global 5000 / 5500 Global 6000 / 6500 / Express Global 7500 CL 850/870/890
西锐公司（Cirrus Aircraft）	主要机型
西锐公司始创于1984年，是小型飞机的全球领先制造商，总部位于美国明尼苏达州德鲁斯市。2011年中航工业通飞完成对西锐的收购	SF50
达索飞机制造公司（Dassault Aviation）	主要机型
达索飞机制造公司是法国第二大飞机制造公司，是世界主要军用飞机制造商之一。20世纪60年代进入喷气式商务客机领域，研制生产 Falcon "猎鹰"（曾译为"隼"）公务机产品系列	Falcon 50EX Falcon 900C/900DX/900EX EASy/900LX

（续表）

	Falcon 2000/2000DX/2000EX EASy
	Falcon 2000LX/2000LXS/2000S
	Falcon 2000S / 2000LXS / 900LX / 7X / 8X
巴西航空工业（Embraer）	**主要机型**
巴西航空工业公司是巴西的一家航空工业集团，成立于1969年，业务范围主要包括商用飞机、公务飞机和军用飞机的设计制造，以及航空服务，现已跻身于世界四大民用飞机制造商之列	Phenom 100/EV Phenom 300/E Legacy 450/500 Praetor 500/600 Legacy 600/650E Lineage 1000/E190 Head of State Shuttles （ERJs and E-Jets）
湾流宇航公司（Gulfstream Aerospace Corporation）	**主要机型**
湾流宇航公司成立于1958年，是世界上生产豪华、大型公务机的著名厂商。1999年由通用动力公司完全收购，其主要产品为"湾流"系列飞机	G100/G150 （pre. IAI Astra） G200 （prev. IAI Galaxy） G280 G300/350/400/450 （prev. GIV/GIVSP） G500/G550 （prev. GV/GVSP） G650/G650ER G500/G600/G550/G650/G650ER

（续表）

本田飞机公司（Honda Aircraft Company）	主要机型
本田飞机公司为本田公司的飞机事业子公司，从2006年左右开始研发制造超轻型 / 轻型公务机	HA-420 HondaJet

德事隆航空豪客比奇飞机公司 [Textron Aviation （Beechcraft）]	主要机型
豪客比奇飞机公司（Hawker Beechcraft Corporation）是世界领先的公务及特殊任务飞机制造商，前身为1932年成立的比奇飞机公司，总部设在美国堪萨斯州威奇托市。德事隆集团于2014年完成了对比奇飞机公司母公司的收购	Premier I/A Hawker 400XP Hawker 750 Hawker 800XP Hawker 850XP Hawker 900XP Hawker 4000

德事隆航空塞斯纳飞机公司 [Textron Aviation （Cessna Aircraft）]	主要机型
赛斯纳飞机公司成立于1927年，是世界上设计与制造轻、中型商务飞机、涡轮螺旋桨飞机，以及单发活塞式发动机飞机的主要厂商。公司总部位于美国堪萨斯州威奇塔。自1991年起，赛斯纳成为德事隆（Textron）跨国工业集团的子公司	CE-525 Citation CJ1+/M2 CE-525A Citation CJ2/CJ2+ CE-525B Citation CJ3/CJ3+ CE-525C Citation CJ4 CE-550 Citation Bravo CE-560 Citation Encore/Encore+ CE-560 Citation Excel CE-560 Citation XLS/XLS+ CE-680 Citation Sovereign/Sovereign+ CE-680A Citation Latitude CE-700 Citation Longitude CE-750 Citation X/Citation X+

3.5.2　公务机代表机型

1.波音BBJ公务机

BBJ基本型是以波音737-700为原型机发展而来的超大型公务机，在737-700的基础上对机翼和起落架部分进行加强，加装融合型翼梢小翼，航程加大，可达11480千米，并于1998年9月4日首飞。BBJ有三种型号，分别为：BBJ1（以737-700为原型），BBJ2（以737-800为原型），BBJ3（最新一代）。

表3-16　BBJ1

主要技术指标	
型号	BBJ1
座位	8~25个
机长	33.63米
机高	12.57米
发动机	两台CFM56-7B27
高速巡航速度	890千米/小时
最大航程	11480千米
最大起飞重量	77560千克
实用升限	12496米

2.巴西航空工业世袭1000

世袭1000，英文名为"Lineage 1000"，是巴西航空工业公司旗下7款喷气公务机中最大型的喷气公务机，采用全球领先的电传操作系统，最大飞行速度达0.82马赫。在符合NBAAIFR规定的备份燃油条件下，世袭1000搭载8名乘客时的航程可达8149千米；搭载4名乘客时则达8334千米。

表3-17　世袭1000

主要技术指标	
型号	世袭1000
座位	22个
机长	36.24米
机高	10.57米
发动机	两台CF34-10E
高速巡航速度	874千米/小时
最大航程	8519千米
最大起飞重量	54500千克
实用升限	12497米

3.湾流 G650/650ER

湾流公司的 G650ER 及其姊妹机 G650 拥有400多架在役飞机和110多项世界速度纪录，是世界上最值得信赖的大型公务飞机之一。G650ER 的最快巡航速度可以达到0.925马赫（约1135千米/小时），可以飞到15545米的高空。

表3-18　G650ER

主要技术指标	
型号	G650ER
座位	19个
机长	30.40米
机高	7.82米
发动机	两台Rolls-RoyceBR725

（续表）

	主要技术指标	
	高速巡航速度	956千米/小时
	最大航程	13890千米
	最大起飞重量	45178千克
	实用升限	15545米

4. 达索猎鹰7X

达索猎鹰7X（Falcon 7X）是猎鹰机队的旗舰机型，可以承载8名乘客和4名机组人员飞行5950海里（11019千米）。猎鹰7X采用当今世界上喷气式商务客机中的最先进技术——近乎完美的空气动力学设计、太空时代的材料、创新的电脑系统和战斗机专家团队，全新定义了新时代商务机型所应具有的性能标准。

表3-19 Falcon 7X

	主要技术指标	
	型号	Falcon 7X
	座位	21个
	机长	23.38米
	机高	7.93米
	发动机	三台 PW307A
	高速巡航速度	903千米/小时
	最大航程	11230千米
	最大起飞重量	31751千克
	实用升限	15544米

5. 庞巴迪挑战者300

挑战者300（Challenger 300）于2004年1月投入使用，是一款超中型公务机，为用户提供了一流的价值体验。它的销售价格极具竞争力，能够实现真正的洲际飞行，拥有卓越的远程巡航速度，可以搭载8名乘客。迄今为止，挑战者300飞机已经创造了5项被美国国家航空协会（NAA）认可的世界纪录。

表3-20　挑战者300

主要技术指标	
型号	挑战者300
座位	10个
机长	20.9米
机高	6.2米
发动机	两台 HTF7000
高速巡航速度	880千米/小时
最大航程	5741千米
最大起飞重量	17622千克
实用升限	13716米

6. 豪客800XP

豪客800XP（Hawker 800XP）是全球最为畅销的豪华中型公务机之一。豪客800XP于1975年3月发布；同年7月获得英国民航局和美国联邦航空局的型号合格证；10月在美国国家公务航空协会的会展上首次公开亮相，同月首次交付用户。目前共有500多架豪客800XP在役，中国国内有8架。

表3-21 Hawker 800XP

主要技术指标	
型号	Hawker 800XP
座位	10个
机长	15.6米
机高	5.5米
发动机	两台 TFE731-5BR
高速巡航速度	863千米/小时
最大航程	4763千米
最大起飞重量	12700千克
实用升限	12497米

3.6　无人机及主要制造商

自从莱特兄弟1903年发明飞机以来，能够让飞机在无人驾驶下飞行也是人类追求的目标之一。100多年来，随着科学技术的发展，无人机的技术性能不断优化，在军事和民用领域的应用也愈加广泛，无人机的类型也越来越多，在部分领域甚至有替代有人机的趋势。据测算，2025年我国工业无人机的产业规模将超过450亿元。据欧美有关机构预测分析，到2026年，美国民用无人机制造及相关产业价值将达到80亿至200亿美元，到2035年欧洲无人机市场将达100亿欧元。

根据麦肯锡的价值链报告分析，无人机产业主要包括以下产业链条。

①硬件制造业：包括无人机的零部件制造（电池、发动机、感应器等）、整机制造或组装等。

②运营业：基础设施建设与保障（起降场地、充电设施、飞行服务等）、运营商（图传、监测、探测等）、航路 / 导航管理等。

③服务业：飞手、保险、零售与分销、教育培训、数据分析与管理等。

④多领域延伸或融合业务：跨领域技术和信息共享、数据联动等。

无人机为了适应不同的市场应用场景类型繁多，目前尚无统一的分类方法。按照无人机飞行平台构型，可分为固定翼无人机、无人直升机、多旋翼无人机和无人飞艇等类型。按照无人机起飞重量，可分为微型、小型、中型和大型无人机。无人机还可以按照飞行速度、飞行半径、实用升限等进行分类。欧洲不直接从无人机本身的性能等特征分类，而是按照运行风险对无人机的运行类型分类。

目前，在军用无人机领域，美国仍处于领先地位，其"捕食者"系列无人机、"全球鹰"系列无人机频繁出现在局部战争。在民用无人机领域，美国也具有较为完整的产业链条。近几年，我国在消费类无人机方面后来居上。下面介绍几个民用无人机企业。

1. 大疆创新（DJI）

深圳市大疆创新科技有限公司成立于 2006 年，其业务从无人机系统拓展至多元化产品体系，在无人机、手持影像系统、机器人教育、智能驾驶等多个领域成为全球领先的品牌，如今已发展成为空间智能时代的技术、影像和教育方案引领者。大疆的消费级无人机主要有御 Mavic 系列、Spark 系列、Phantom 系列等，专业级无人机主要有悟 Inspire 系列、禅思 Zenmuse 系列、如影 Ronin 系列等，同时，针对农林植保、应急救援等也开发出应用无人机。据有关数据统计，大疆在2021年的全球商业无人机领域仍然拥有 70%~80% 的市场份额。

2. 派诺特（Parrot Drones）

派诺特无人机公司是一家位于法国巴黎的无人机企业，是最早进军民用无人机市场的企业之一。派诺特早期从事车载信息娱乐系统开发，在2010年率先推出了真正意义上的消费级无人机 AR.Drone，并在后期的发展中将无人机应用拓展到探测、应急救援等领域，为相应领域的专业人员实施量身定制的端到端解决方案。随着消费级无人机的市场竞争日趋激烈，派诺特逐渐退出轻小型消费无人机的竞争，专注于专业级无人机的解决方案。从其官方网站查询，2021年派诺特主打的产品为 ANAFI USA 和4G 无人机 ANAFI Ai。

3. 极飞（XAG）

广州极飞科技股份有限公司成立于2007年，早期专注于多旋翼无人机开发，积极探索在科考、巡检、救援、物流等领域的应用，并于2014年开始专注无人机在农业领域的应用。极飞致力于将无人机、机器人、自动驾驶、人工智能、物联网等技术带进农业生产，通过构建无人化智慧农业生态，让农业进入自动化、精准高效的 4.0 时代。极飞公司的无人机系统产品主要有 P 系列、V 系列农业无人机，以及 M 系列遥感无人机等，还有农业无人车、农机自驾仪及智慧农业无人系统解决方案等。

※　课后习题

1. 根据升力产生的来源不同, 航空器分为 (　　) 的航空器和 (　　) 的航空器两大类。

2. 请列举至少三种重于空气的航空器类型。

3. 请列举至少两款目前用于飞行培训的一般固定翼飞机。

4. 请列举至少两种品牌的直升机。

5. 请列举至少两种品牌的公务机。

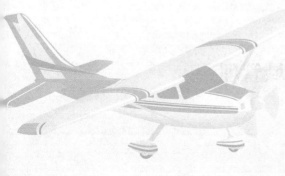

第 4 章

低空空域管理

4.1 空域管理

4.1.1 空域概述

1.空域的概念

空域又称可航空间，是指地球表面以上可供航空器运行的空气空间。

2.空域的属性

空域具有自然属性、技术属性和社会属性特征。

（1）自然属性

自然属性是指空域具有明确的下界（例如地表、水域表面）、特定的气候状况（例如大气环流、气象状况等）和其他自然地理特征（例如地磁场等）。

（2）技术属性

技术属性是指各种技术手段形成的信息场，主要有以下几种：通信手段，包括 VHF、HF、SATCOM 等形成的通信场；导航手段，包括 VOR/DME、GPS、GNESS 等形成的导航场；监视手段，包括 PSR、SSR、ADS 等形成的监视场。用于描述空域技术属性的指标包括所需通信能力（RCP）、所需导航能力（RNP）、所需监视能力（RSP）和所需空中交通管理能力（RATMP）。

（3）社会属性

空域的社会属性包括主权属性、安全属性以及资源属性。

空域属于国家所有，要求制定统一的空域法规和政策，制定统一的空域开发、使用及控制计划等。《国际民用航空公约》规定："缔约各国承认每一国家对其领土之上的空气空间享有完全的排他的主权。"《中华人民共和国民用航空法》明确规定："中华人民共和国的领陆和领水之上的空域为中华人民共和国领空，中华人民共和国对领空享有完全的、排他的主权。"一个国家对其国家空域具有所有权、管辖权和管理权。

安全性包括国家安全、公共安全和航行安全。其中航行安全涉及航空器、航空法规、航空管制和空中交通服务设施等。空域管理在重视航行安全的同时，还应该考虑到空域使用的国家安全和公共安全。为此，依据国家安全和公共安全的需要，将空域划分为限制使用空域和公共活动空域。限制使用空域是指不对公众飞行活动开放的专属区域，包括空防保护区、禁区、限制区、危险区、军事训练空域、特殊专用空域等，这些空域通常是和国家安全、公共安全密切相关的。

资源属性是指空域是一种特殊的国家重要资源，作为航空器在空间的载体，有其自身的经济价值，体现在为公共运输、通用航空和军事航空服务上，进而体现在空域的充分利用和空域的科学划设上。空域得到合理、充分利用，就能产生巨大经济效益，否则就是一种资源浪费。

※ 学习记忆点：空域的属性

空域具有自然属性、技术属性和社会属性特征，其中社会属性包括主权属性、安全属性以及资源属性。

4.1.2　空域管理

1.空域管理的概念

空域管理是指按照各国家法律规定以及国际民航组织相关标准的要求，对空域资源进行规划、管理和设计的一项工作。空域规划、管理和设计涉及航空运输的参与者在安全、有序、正常的环境和规则下运行。为了能为航空器提供安全、及时、有效、正常的管制服务、飞行情报服务和告警服务，防止航空器空中相撞或者航空器与地面障碍物相撞，保证飞行安全，促使空中交通有秩序地运行，必须对空域资源进行规划、管理和设计。

空域管理有广义和狭义之分。广义的空域管理包括空域划分、流量控制、航路优化设计、飞行程序设计和飞行管制等内容。而狭义的空域管理仅指飞行管制。对空域进行规划和管理，是为了充分有效地利用天空资源，建立合理有序的空中交通秩序；合理科学的空域规划，可以在充分保证空中交通安全的前提下，最大限度地增加飞行流量。

空域管理的实现方式是对空域的"时分共用"，以及经常性地按照各种短期需求划分空域，以满足不同类型用户的需要。

2.空域管理的内容

空域管理主要包括空域规划、空域划设、空域数据管理等方面，具体工作内容如下。

（1）空域规划

空域规划是指对某一给定空域，通过对未来空中交通流的流向、大小与分布，对其实施战略设计和规划，并加以实施和修正的全过程。

空域规划的目的是增大空中交通容量、有序空中交通运行、有效地利用空域资源、减轻空中交通管制员工作负荷并提高飞行安全水平。空域规划工作是空域管理工作中的重要组成部分，为空域管理工作提供了宏观指导，是其他空域管理工作开展的目标和依据。

（2）空域划设

空域划设是对空域中涉及的飞行情报区和管制区、航路、航线、进离场航线（飞行程序）、禁区、限制区、危险区等空域资源以及飞行高度、间隔等空域标准进行设计、调整、实施与监控的过程。空域划设工作是空域规划工作的具体实现，在工作开展过程中，需要针对不同空域使用者的需求，提出合理的空域设计调整方案，并通过对空域容量、工作负荷、安全、设施设备、环境等方面的评估后，确保设计方案能够满足空域标准的要求后，才能投入运行使用。空域划设是空域管理工作中内容最多的一部分，需要协调的相关环节比较多，在划设过程中，既需要保障运行安全又需要满足空域使用各方的要求，是一项复杂的设计工作。

（3）空域数据管理

空域数据按照使用性质分为空域结构数据和空域运行数据。空域数据管理包括空域结构数据和运行数据的搜集、整理和使用。空域结构数据是指导航设施数据、飞行情报区和管制区数据、管制地带数据、航路和航线数据、其他空域数据等静态数据。空域运行数据是指各类空域使用方面的数据，包括该空域范围内活动的种类、飞行架次、使用时间等动态数据。为了保证空域数据的时效性，空域建设方案生效后，会对相关的空域数据进行及时修订。空域数据管理是空域规划和空域划设工作的基础，除了空域结构与运行数据外，航班飞行历史统计数据、气象数据、地理地形数据等相关辅助数据也是空域管理工作所需要的重要参考数据，因此也可以纳入空域数据管理的工作范畴。

3.空域管理的原则

按照国际民航组织有关要求，各国空域管理应遵循三大原则，即主权性原则、安全性原则和经济性原则。主权性原则主要是指空域管理代表各国主权，不容侵犯，具有排他性；安全性原则主要是指在有效的空域管理体系下，确保航空器空中飞行安全，具有绝对性；经济性原则主要是指在确保飞行安全性基础上，科学地对空域实施管理，保证航空器沿最佳飞行路线、在最短时间内完成飞行活动，具有效益性。

※ 学习记忆点：空域管理的原则

　　按照国际民航组织有关要求，各国空域管理应遵循三大原则，即主权性原则、安全性原则和经济性原则。

4.1.3　空域划分

1.国际民航组织空域划分方法

国际民航组织（ICAO）标准中把空域分为 A、B、C、D、E、F、G 七类。

A 类，只允许仪表飞行规则（IFR）飞行，所有飞行均受到空中交通管制（ATC）服务的约束，且所有航空器之间配备间隔，实现地空双向通信。

B 类，允许 IFR 和目视飞行规则（VFR）飞行，所有飞行均受到 ATC 服务的约束，且所有航空器之间配备间隔，要求实现地空双向通信。

C 类，允许 IFR 和 VFR 飞行，所有飞行均受到 ATC 服务的约束，在 IFR 飞行之间、IFR 和 VFR 飞行之间配备间隔。VFR 飞行只需与 IFR 飞行保持必要的间隔，并接收关于其他 VFR 飞行的交通情报，所有飞行要求实现地空双向通信。

D 类，允许 IFR 和 VFR 飞行，所有飞行均受到 ATC 服务的约束，在 IFR 飞行与其他 IFR 飞行之间配备间隔，并接收关于其他 VFR 飞行的交通情报。VFR 飞行接收关于所有其他飞行的交通情报，所有飞行要求实现地空双向通信。

E 类，允许 IFR 和 VFR 飞行，IFR 飞行受 ATC 服务的约束，与其他 IFR 飞行之间配备飞行间隔，还要求实现地空双向通信；VFR 飞行进入空域不需要 ATC 许可，不需要实现地空双向通信。

F 类，允许 IFR 和 VFR 飞行，对 IFR 飞行提供交通咨询服务和飞行情报服务；对 VFR 飞行提供飞行情报服务。

G 类，允许 IFR 和 VFR 飞行，提供飞行情报服务，不需要配备间隔。

ICAO 空域分类见表4-1。

表4-1　ICAO空域分类

种类	飞行种类	间隔配备	提供的服务	速度限制	无线电通信需要	是否需要ATC放行许可
A	仅限IFR	一切航空器	空中交通管制服务	不适用	持续双向	是
B	IFR	一切航空器	空中交通管制服务	不适用	持续双向	是
	VFR	一切航空器	空中交通管制服务	不适用	持续双向	是
C	IFR	IFR与IFR IFR与VFR	空中交通管制服务	不适用	持续双向	是
	VFR	VFR与IFR	ATC服务：配备与IFR的间隔VFR/VFR交通情报和根据要求提供避让交通的建议	3050米（10000英尺）以下AMSL：IAS：250海里/小时	持续双向	是

（续表）

种类	飞行种类	间隔配备	提供的服务	速度限制	无线电通信需要	是否需要ATC放行许可
D	IFR	IFR与IFR	ATC服务：VFR飞行的交通情报和根据要求提供避让交通的建议	3050米（10000英尺）以下AMSL：IAS：250海里/小时	持续双向	是
	VFR	不配备	IFR/VF和VFR/VFR交通情报和根据要求提供避让交通的建议	3050米（10000英尺）以下AMSL：IAS：250海里/小时	持续双向	是
E	IFR	IFR与IFR	ATC服务和尽可能提供关于VFR飞行交通情报	3050米（10000英尺）以下AMSL：IAS：250海里/小时	持续双向	是
	VFR	不配备	尽可能提供交通情报	3050米（10000英尺）以下AMSL：IAS：250海里/小时	不需要	否
F	IFR	尽可能IFR与IFR	空中交通咨询服务飞行情报	3050米（10000英尺）以下AMSL：IAS：250海里/小时	持续双向	否

（续表）

种类	飞行种类	间隔配备	提供的服务	速度限制	无线电通信需要	是否需要ATC放行许可
F	VFR	不配备	飞行情报服务	3050米（10000英尺)以下AMSL：IAS：250海里/小时	不需要	否
G	IFR	不配备	飞行情报服务	3050米（10000英尺)以下AMSL：IAS：250海里/小时	不需要	否
	VFR	不配备	飞行情报服务	3050米（10000英尺)以下AMSL：IAS：250海里/小时	持续双向	否

*当过渡高低于3050米（10000英尺）AMSL时，应使用FL100代替10000英尺

2.美国空域的划分

1933年，美国依据国际民航组织空域分类标准对其空域进行了分类，共分为 A、B、C、D、E、G 六类。其中 A、B、C、D、E 类空域为管制空域。

A 类，高度范围为平均海平面高度18000英尺（5500米）到标准气压高度

60000英尺（18千米）之间，水平范围为美国大陆（48个州包括阿拉斯加州和夏威夷州）以及海岸线向外延伸12海里（22.2千米）之上的空间，主要满足高空航路区域的 IFR 飞行。

B类，为终端管制区，一般建立在繁忙机场附近，高度范围为地表至平均海平面高度10000英尺（3.05千米），呈三环阶梯结构。

C类，机场雷达服务区，一般建立在中型机场附近，终端区内的机场必须具有塔台和进近雷达管制单位，呈半径5海里（9.25千米）、10海里（18.5千米）两环阶梯结构分布，并附有20海里（37千米）的外围进近管制空域。

D类，也称为管制地点，一般划设在拥有管制塔台的小机场。这类机场的交通流量非常小，主要为机场区域范围内运行的 VFR 飞行和 IFR 飞行提供管制服务。D 类空域划设的目的是使飞机从航路飞行至目的地机场的全过程能为管制空域所覆盖。标准的 D 类空域为一个半径4.3海里（8千米）的环形结构，高度范围通常为地表至场压高度2500英尺（760米），同时包括场压高度1000英尺（305米）至地面的仪表进近程序，以及地面至相邻管制空域下限的仪表离场程序。

E类，也称为过渡区，是美国面积最大、应用最广泛的一类空域，是除 A、B、C、D 类空域范围以外的管制空域，可以同时存在 IFR 飞行和 VFR 飞行，IFR 飞行进入 E 类空域需要 ATC 许可，须保持双向无线电通信。

G类，美国的非管制空域，可以同时存在 IFR 和 VFR 飞行，航空器可以自由进入 G 类空域，飞行安全由飞行员负责。大多数 G 类空域高度范围是从地表至真高1200英尺（365米）；在美国西部山区，当空域不包含航路区域时，该空域也是 G 类空域，这时 G 类空的高度范围是地表至平均海平面高度14500英尺（4.4千米）。

美国还有一些其他类型的空域：禁区、限制区和军事行动区（MOA）。其中，禁区是指在规定的时间内不能飞入的地方，比如射击区、政府敏感区（白宫、国会大厦等），这类区域很少，在航空图上有标注；限制区就是在特定的时间和特定的高度飞行员不能进入的空域，比如划归军事航空演习、跳伞、射击等活动的空域。"9·11"事件以后，政府强制划分了临时飞行限制区，以此来加强国家安全；但军事行动区不是严格的限制区，如果有特殊需要也可以穿越。

美国的空域分类极大地促进了美国航空事业发展，主要表现在：

①大量的 E 类空域和 G 类空域为通用航空飞行提供了飞行空间；

② B 类空域的划设保障了飞行繁忙的地区大型航空器飞行的安全性；

③ B 类空域主要保护大型机场的起降和进、离场程序，C 类空域保护中型机场的进近程序，D 类空域保护小型机场的塔台程序，依据飞行特点的不同，使用不同的保护等级，实现了空域资源的最优配置；

④美国空域类型没有同 ICAO 标准完全保持一致，美国 C、D 类空域 VFR 飞行不需要 ATC 许可，同时加入了飞行执照的要求，进一步提高了飞行的效率，增加了飞行的安全性。

3.欧控空域的分类

欧盟执行国际民航组织的空域分类标准，但根据自己的需要提出了一个空域大类分类方式。由于欧洲各国面积狭小，空域零碎，为避免各国执行不同的空域分类和划分方式，导致国际飞行在各国之间频繁转换空域类型，希望统一欧洲各国的空域分类标准、统一划分空域，欧控（Eurocontrol）提出 U、N、K 三类空域，进一步简化空域分类方式。

U 类空域为未知空中交通环境的空域，属于非管制空域，相当于 G 类空域，空管部门不提供间隔服务，根据需要和申请提供飞行情报服务和告警服务。

N 类空域代表已知交通环境空域，相当于 ICAO 标准中的 A、B、C、D 类，空管部门对 IFR 飞行之间、IFR 和 VFR 飞行之间提供间隔服务，对所有航空器提供飞行情报服务和告警服务。

K类空域为部分获知交通环境的空域，相当于E、F类空域，空管部门仅对IFR飞行之间提供间隔服务，仅对IFR飞行提供飞行情报服务和告警服务。

欧控空域分类与ICAO空域分类标准本质上是相同的，具有一定优势，主要表现在：

①形式更加简单，便于成员国统一空域分类；

②简化空域结构，对空域提供的服务更加明确，方便空域用户的使用；

③空域的限制程度较低，使用更加灵活，满足了通航航空的发展需求；

④空域分类标准代表了未来空域分类技术的发展方向，避免了由于空域分类技术的滞后性而阻碍航空事业的发展。

4.我国空域的划分

目前，我国没有依据ICAO空域分类标准实行空域分类，现有的空域体制不完善，限制了通用航空事业的发展。我国的空域分为飞行情报区、管制区、限制区、危险区、禁航区、航路和航线。

（1）飞行情报区

飞行情报区是为了提供飞行情报服务和告警服务而划定范围的空间。为了便于对在中国境内和经国际民航组织批准由我国管理的境外空域内飞行的航空器提供飞行情报服务，全国共划分沈阳、北京、上海、广州、三亚、昆明、武汉、兰州、乌鲁木齐、香港和台北11个飞行情报区。

飞行情报区包含我国境内上空，以及由国际民航组织亚太地区航行会议协议、并经国际民航组织批准由我国提供ATC服务的、毗邻我国公海上空的全部空域以及航路结构。

（2）管制区

管制空域是一个划定的空间，管制空域根据所划空域内的航路结构和通信、导航、气象、监视能力划分，以便对所划空域内的航空器飞行提供有效的ATC服务。我国将管制空域分为A、B、C、D四类。

A类空域（高空管制区），在我国境内6600米（含）以上的空间，划分为若干个高空管制空域。在此空域内飞行的航空器必须按照仪表飞行规则（IFR）飞行并接受ATC服务。我国高空管制区共计27个，分别是沈阳、哈尔滨、大连、海拉尔、北京、大原、呼和浩特、上海、合肥、济南、青岛、南昌、厦门、广州、长沙、南宁、桂林、三亚、昆明、成都、贵阳、拉萨、武汉、郑州、兰州、西安、乌鲁木齐。

B类空域（中低空管制区），在我国境内6600米（不含）以下、最低高度层以上的空间，划分为若干个中低空管制空域。在此空域内飞行的航空器，可以按照仪表飞行规则飞行。如果符合目视飞行规则（VFR）的条件，经航空器驾驶员申请，并经中低空管制室批准，也可以按照目视飞行规则飞行，并接受ATC服务。

C类空域（进近管制空域），通常是指在一个或几个机场附近的航路汇合处划设的便于进场和离场航空器飞行的管制空域。它是中低空管制空域与塔台管制空域之间的连接部分。其垂直范围通常在6000米（含）以下、最低高度层以上；水平范围通常为半径50千米或走廊进出口以内的除机场塔台管制范围以外的空间。在此空域内飞行的航空器，可以按照IFR飞行；如果符合VFR的条件，经航空器驾驶员申请，并经进近管制室批准，也可以按照目视飞行规则飞行，并接受ATC服务。

D类空域（塔台管制空域），通常包括起落航线、第一等待高度层（含）及其以下地球表面以上的空间和机场机动区。在此空域内运行的航空器，可以按照IFR飞行。如果符合VFR的条件，经航空器驾驶员申请，并经塔台管制员批准，也可以按照目视飞行规则飞行，并接受ATC服务。

我国民用航空管制空域分类所存在的问题：

①所有空域都是管制空域，没有按照空域性质进行分类管理和立体分层，空域闲置浪费现象严重，空域资源利用率低；

②缺乏非管制空域，所有飞行都必须经管制许可，而飞行计划的申报和审批程序复杂、周期长，制约了通用航空的发展；

③ATS 能力与空域分类不匹配，存在空域闲置或 ATS 压力；

④空域以静态计划管理为主，条块分割，未形成有效的灵活空域使用机制，不同空域用户对空域使用需求的不断增加，矛盾日益突出。

4.2　目视和仪表飞行规则

4.2.1　目视飞行规则

1.目视飞行及适用范围

（1）目视飞行的定义

目视飞行是在可见天地线和地标的条件下，能够判明航空器飞行状态和目视判定方位的飞行。

（2）实施目视飞行的条件

一般情况下，只有在昼间，飞行高度在6000米以下，巡航表速在250千米/小时以下的航空器，云下飞行，低云量不超过3/8，并且符合规定的目视气象条件（VMC）时，方可按照目视飞行的最低安全间隔和高度的规定飞行。

（3）目视飞行适用的范围

①起落航线飞行（速度不限）；

②昼间,飞行高度6000米以下;

③巡航表速不大于250千米/小时的飞行;

④通用航空在作业区的飞行;

⑤执行通用航空任务调机到临时机场的飞行;

⑥在特定目视航线上的飞行(速度不限)。

2.目视飞行规则

(1)飞行规定

在中低空管制区、进近管制区和机场管制地带按目视飞行规则飞行的航空器,应当遵守下列规定:

①飞行前应当取得空中交通管制单位的放行许可;

②飞行中严格按照批准的飞行计划飞行,持续守听有关空中交通管制单位的频率,并建立双向通信联络;

③按要求向有关空中交通管制单位报告飞越每一个位置报告点的时刻和高度层。

航空器按照目视飞行规则飞行,包括按照目视飞行规则在飞行高度6000米(不含)以上和做跨声速或者超声速飞行,以及飞行高度3000米(不含)以下且指示空速大于450千米/小时飞行时,应当经管制单位批准。

为便于提供飞行情报服务、告警服务以及同军事单位之间的协调,按目视飞行规则飞行的航空器,处于或者进入有关管制单位指定的区域和航路飞行时,航空器驾驶员应当持续守听向其提供飞行情报服务的空中交通管制单位的有关频率,并按要求向该单位报告飞行情况和位置。

按照目视飞行规则飞行时飞行人员必须加强空中观察,并对保持航空器之间的间隔和航空器距地面障碍物的安全高度是否正确负责。

当按目视飞行规则飞行的航空器改为仪表飞行规则飞行时,应当遵守下列规定：

①立即向有关管制单位报告对现行飞行计划将要进行的更改；

②在管制空域内遇到天气低于目视飞行规则的最低气象条件时，能按仪表飞行规则飞行的航空器驾驶员，应当立即向有关管制单位报告，经管制单位许可后，改按仪表飞行规则飞行；只能按目视飞行规则飞行的航空器驾驶员，应当立即返航或者去就近机场着陆。

（2）避让规定

①两架航空器在同一高度上对头相遇时，应当各自向右避让，相互间距保持500米以上间隔；

②两架航空器在同一高度上交叉相遇时，航空器驾驶员从座舱左侧看到另一架航空器时，应当下降高度；从座舱右侧看到另一架航空器时，应当上升高度；

③航空器在同一高度上超越前面航空器，后方航空器航迹与前方航空器对称面夹角小于70°时，应当从前面航空器右侧保持500米以上的间隔进行，避免小于规定间隔从对方上下穿越或从其前方切过，后方超越的航空器对保持两架航空器之间的间隔负责；

④单机飞行的航空器，应当避让编队飞行的航空器；

⑤有动力装置重于空气的航空器应当避让飞艇、滑翔机或气球；

⑥飞艇应当避让滑翔机及气球；

⑦滑期机应当避让气球；

⑧有动力装置的航空器，应当避让拖曳物体的航空器；

⑨飞行中的或在地面上、水面上运行的航空器，应当避让正在着陆或正在进近着陆的航空器；

⑩正常飞行的航空器，应当避让已知需要被迫着陆的航空器；

⑪重于空气的航空器为了着陆而在同一机场同时进近时，高度较高的航空器，应当避让高度较低的航空器；但是，后者不得利用此规定切入另一架正在进入着陆最后阶段的航空器前方或超越该航空器；

⑫滑行的航空器，应当避让正在起飞或即将起飞的航空器。

目视飞行的直升机使用同一起飞着陆区时应当遵守以下规定：

①先起飞、着陆的直升机离开起飞着陆区之前，后起飞的直升机不得开始飞行；

②先起飞、着陆的直升机离开起飞着陆区之前，着陆的直升机不得进入起飞着陆区；

③起飞点与着陆点距离60米以上，起飞、着陆航线又不交叉时，可以同时起飞、着陆。

（3）特殊飞行规定

特殊目视飞行航线是指地形复杂、导航设备条件差，或临时性的非固定航线，规定所有机型或部分机型只能按照目视飞行规则飞行的航线。主要受地形影响，不便或暂时未设导航设施以供飞行位置检查或作转弯点，只能依靠目视判断地标，进行目视领航。

在运输机场空域修正海平面气压高度3000米以下，允许按以下天气最低标准和条件实施特殊目视飞行规则飞行：

①得到空中交通管制的许可；

②云下能见；

③能见度至少1600米，或者直升机使用更低能见度标准；

④除直升机外，只有地面能见度至少为1600米，航空器方可按特殊目视飞行规则起飞或着陆；如无地面能见度报告，也可以使用飞行能见度作为标准。

3. 目视飞行最低安全高度及安全间隔规定

（1）目视飞行最低安全高度规定

①目视飞行位于机场区域内

巡航表速250千米／小时（不含）以上的航空器，按照机场区域内仪表飞行最低安全高度的规定执行。

巡航表速250千米／小时（含）以下的航空器，距离最高障碍物的真实高度不得小于100米。

②目视飞行位于航线时

巡航表速250千米／小时（不含）以上的航空器，按照航线仪表飞行最低安全高度的规定执行。

巡航表速250千米／小时（含）以下的航空器，通常按照航线仪表飞行最低安全高度的规定执行；如果低于最低高度层飞行时，距航线两侧各5000米地带内最高点的真实高度，平原和丘陵地区不得低于100米，山区不得低于300米。

（2）目视飞行安全间隔规定

①同航线、同一高度飞行时

巡航表速250千米／小时（不含）以下的航空器，航空器之间的距离不得小于2000米。

巡航表速250千米／小时（含）以上的航空器，航空器之间的距离不得小于5000米

超越前面的航空器时，应当从其右侧，保持500米以上的间隔超越。

②不同高度飞行时

不同高度飞行的航空器，航空器之间的垂直距离不得小于300米。

按目视飞行规则飞行时，机长应当进行严密的空中观察。机长对保持航空

器之间的间隔距离和航空器距地面障碍物的安全高度是否正确负责。

4. 目视飞行规则的最低天气标准

航空器满足以下标准之一时，方可按目视飞行规则飞行。

（1）目视气象条件（VMC）

①航空器与云的水平距离不得小于1500米，垂直距离不得小于300米；

②高度3000米（含）以上，能见度不得小于8000米；

③高度300米以下，能见度不得小于5000米。

（2）除运输机场外的空域

在修正海平面气压高度900米（含）以下或离地高度300米（含）以下（以较高者为准），如果在云体之外，能目视地面，允许航空器驾驶员在飞行能见度不小于1600米的条件下按目视飞行规则飞行，但必须符合下列条件之一。

①航空器速度较小，在该能见度条件下，有足够的时间观察和避开其他航空器和障碍物，以免相撞；

②在空中活动稀少，发生相撞可能性很小的区域。

（3）直升机

在修正海平面气压高度900米（含）以下或离地高度300米（含）以下（以较高者为准），如果在云体之外，能目视地面，允许直升机驾驶员在飞行能见度小于1600米的条件下按目视飞行规则飞行，但必须符合下列条件之一。

①航空器速度较小，在该能见度条件下，有足够的时间观察和避开其他航空器和障碍物，以免相撞；

②在空中活动稀少，发生相撞可能性很小的区域。

4.2.2　仪表飞行规则

1.仪表飞行及适用范围

仪表飞行指完全或者部分地按照航行驾驶仪表，判定航空器飞行状态及其位置的飞行。进行仪表飞行的航空器，必须具有姿态指引、高度知识、位置判断和时钟等设备，机长必须具有仪表飞行等级的有效的飞行执照。

仪表飞行适用于以下范围：

①在仪表气象条件（IMC）（低于目视气象条件）下飞行时；

②在云层、云上目视气象条件飞行时；

③夜间飞行时；

④高度在6000米以上的飞行时。

2.仪表飞行规则

航空器应当装备仪表飞行所必需的机载设备，满足所飞管制区对航空器通信、导航、监视和安全方面的能力要求，在飞行过程中，保持空中交通管制单位指定的巡航高度层。

（1）航空器应当持续守听规定的频率，并向有关管制单位报告以下信息

①飞越各个指定报告点的时间和飞行高度；当处于雷达管制时，只需在通过特别要求点时报告即可。

②遇到任何没有预报的但影响飞行安全的气象条件。

③与飞行安全有关的其他任何信息。

（2）当由仪表飞行转为目视飞行时必须满足的条件

①航空器驾驶员向空中交通管制单位提出取消其现行仪表飞行规则计划及其飞行计划的变更申请。

②管制单位收到航空器驾驶员的飞行规则变更申请后，做出是否同意的

决定。对于同意飞行规则变更的，管制单位应当通知航空器驾驶员取消仪表飞行规则飞行时间，并通知相关管制单位。

③只有当管制单位收到并同意飞行规则变更申请后，航空器方可转为目视飞行规则飞行。

④管制单位不得直接或者暗示性地要求航空器由仪表飞行规则改为目视飞行规则飞行。

⑤管制单位如果掌握到飞行航路上可能出现仪表气象条件的情况时，应当将此情况告知正由仪表飞行规则飞行改为目视飞行则飞行的航空器驾驶员。

（3）当由仪表飞行转目视飞行时须遵守的规定

①按仪表飞行规则飞行的航空器，要求改为按目视飞行规则飞行的，应当事先向有关空中交通管制单位报告，得到许可后方可改变。

②按照仪表飞行规则飞行的航空器在飞行中遇到目视飞行则的气象条件时，除预计能够长时间、不间断地在目视气象条件下飞行外，不得提出改变原来申请并经批准的仪表飞行规则飞行计划。

（4）其他规定

①航空器在飞行空域内和仪表进近过程中，必须保持规定的高度，按照仪表进近程序图规定的路线飞行。

②进、离场区域的航空器，必须按照进、离场图的规定，在指定的高度上飞行。

③在航线上飞行的航空器，必须保持规定的航线、高度层和速度规定。

航线飞行时，空勤组应当利用机上和地面导航设备准确保持航迹，并随时检查航空器的位置。不论飞行条件如何，机长都必须确知航空器所在位置，并按规定向空中交通管制部门报告航空器的位置、飞行情况和天气情况。

空中交通管制员应严格控制航空器上升、下降的时机并对航空器之间的间隔、距离和高度层配备是否正确负责。

3.仪表飞行最低安全高度

（1）仪表飞行位于机场区域内

在机场区域内，以机场归航台为中心、半径55千米的山区范围内，距离障碍物的最高点，平原不得小于300米，丘陵、山区不得小于600米。

最后进近着陆时，不得低于进近程序规定的超障高度飞行。

（2）仪表飞行位于航线时

距航路、航线中心线两侧各25千米内最高障碍物，高原和山区不得小于600米，其他地区不得小于400米。

4.飞行的高度和飞行高度层

直航线角在0°~179°范围内，飞行高度由900米至8100米，每隔600米为一个高度层；飞行高度由8900米至12500米，每隔600米为一个高度层；飞行高度12500米以上，每隔1200米为一个高度层。

直航线角在180°~359°范围内，飞行高度由600米至8400米，每隔600米为一个高度层；飞行高度由9200米至12200米，每隔600米为一个高度层；飞行高度13100米以上，每隔1200米为一个高度层。

飞行高度层根据标准大气压条件下假定海平面计算。直航线角从航线起点和转弯点量取。

※学习记忆点：IFR和VFR的适用范围

IFR的适用范围：昼间，飞行高度在6000米以下，巡航表速在250千米/小时以下。

VFR的适用范围：夜间，飞行高度在6000米以上。

4.3 低空空域管理与改革

4.3.1 低空空域概述

1.低空空域的概念

低空空域通常是指真高1000米（含）以下的空域范围。一直以来，通用航空作业和转场飞行，高度大多集中在1000米以下空域。

2.低空空域的划分

我国对于低空空域的划分与国际民航组织划分不同，是按照管制空域、监视空域和报告空域来划分的。

管制空域，允许 VFR 飞行及 IFR 飞行，使用前须进行飞行计划申请，空中交通管制部门须掌握飞机飞行动态，对空域内的所有飞机提供 ATC 服务、飞行情报服务及告警服务，管制部门与航空器能保持连续双向地空通信。

监视空域，允许 VFR 飞行及 IFR 飞行，航空用户报备飞行计划，空中交通管制部门监视飞行动态，提供飞行情报服务和告警服务，根据低空飞行用户请求和飞行安全需要提供 ATC 服务，管制部门与航空器能保持连续双向地空通信。

报告空域，允许 VFR 飞行，航空用户报备飞行计划，并向空中交通管制部门通告起飞和降落时刻，自行组织实施并对安全负责，空中交通管制部门根据用户需求，提供航行情报服务，组织飞行的单位或个人与航空器保持双向地空通信畅通。

在空中禁区、空中危险区、国境地带、全国重点防空目标区和重点防空目标周围一定区域上空以及飞行密集地区、机场管制地带等区域，原则上不划设监视空域和报告空域。

各类低空空域垂直范围原则为真高1000米以下，可根据不同地区特点和实际需要，具体划设低空空域高度范围，报批后严格掌握执行。

民航局会同空军研究论证在现行航路内、高度4000米（含）以下，按监视空域管理办法为通用航空飞行提供空中交通。

4.3.2 我国低空空域管理改革

1.低空空域飞行活动现状

低空空域为通用航空的作业区，工业飞行、农业飞行、空中旅游等都运行于低空空域，低空空域的开放将对通用航空的发展起到很大的促进作用，可以促成通用航空产业链的形成，从传统的农林服务、抢险救灾、航拍业务向多元化业务发展。例如，提供空中游览观光、培养飞行员、教学飞行、飞行表演、空中跳伞等项目。

通用航空活动的高度范围比较广泛，一般集中在相对高度3000米以下的低空空域，尤其是相对高度600米以下的低空空域占绝大多数。例如，我国农林类航空作业飞行高度一般在相对高度15~300米；航空摄影、物探遥感等飞行主要在标准气压高度3000~7000米，有时也达到9000米；航空运动、训练及旅游观光飞行一般在高度1500米以下；跳伞飞行通常在2400米以下；广告飞行一般在相对高度3000米以下。

国家十分重视低空空域管理工作，近年来出台了一系列政策法规，积极推动空域集约化管理使用，空域资源利用率得到逐步提高。2010年8月，国务院、中央军委颁布《关于深化我国低空空域管理改革的意见》，这是我国低空空域管理改革的一个纲领性文件。十几年来，我国低空空域管理改革逐步提速，军民地各相关部门积极探索，从"十二五"期间军航空管系统的"两大区七小区"的全国集中改革试点，到"十三五"期间由省级地方政府牵头组织的区域改革试点，低空空域管理改革试点不断深入。中共中央、国务院发布的《国家综合立体交通网规划纲要》，首次提出发展低空经济。中央空管委办公室在已批准海南、四川、湖南、江西等省开展低空空域管理改革试点的基础上，2021年又新批准安徽省加入低空空域管理改革拓展试点的行列，使全国参与低空空域管理改革的省增加到5个。

2020年9月，中央空管委办公室批复《湖南省低空空域管理改革试点拓展实施方案》，湖南成为全国第一个全域低空空域管理改革试点拓展省份。在此之后，湖南省很快编制完成全国第一部省级空域划设方案《湖南省低空空域划设方案》。2022年3月，湖南印发《湖南省低空空域协同运行办法》，并正全力编制《湖南省低空目视飞行规则》。江西省也不断加快试点工作，截至2021年年底，首批划设的江西省内试点空域已累计飞行8196架次、3570多小时。海南省逐步建成"空地结合、立体保障"的低空飞行服务运行体系，在海口、三亚等11个市县建设13套对空监视和地空通信台站。2021年，进驻海南的通航企业已从2013年的7家增加到60多家，通航飞行器从17架增加到113架，飞行架次从原来不足6000次增加到近16万架次。

《"十四五"民用航空发展规划》第十五章专门部署拓展多元的通用航空网，持续推动低空空域管理改革。总结推广四川、海南、湖南、江西等地低空空域管理改革试点经验，按需加密低空航线、扩大低空报告空域范围，简化优化飞行任务审批、计划申请和审批（备案）程序，畅通申报渠道，扩大随报随批业务种类。相信我国空域管理改革在"十四五"期间会有更多新的进展和突破。

2.低空空域利用率

我国通用航空飞行密度为0.098小时/平方千米，美国和欧盟分别为2.55小时/平方千米和1.39小时/平方千米。这样计算，我国低空空域利用率约为美国的3.8%（1/26），约为欧洲的7.1%（1/14）。尽管我国航空运输与军事航空也需要使用低空空域，但除了陆航直升机等特定军事飞行外，我国军航与航空运输仅在起降期间的较短时间使用低空空域。由于非空气密闭舱设计，通用航空一般使用3000米以下空域，主要在1000米以下高度飞行，形成与军民航飞行在空域使用上的自然分流。

无论从哪个角度来评价，我国低空空域利用率都处于非常低的状态。我国国土面积占全球陆地的6.4%，但我国低空空域利用率仅为全球各国领空平均飞行密度的33%，即我国低空空域利用率是全球平均水平的1/3。即使排除通用航空异常发达的美国，我国低空空域利用率也仅为其余国家平均水平的一半。如果我国通用航空可以达到运输航空在全球的相对发展水平，我国通用航空飞行量在全球占比达到我国GDP的全球占比，我国通用航空应为目前飞行量的7倍，低空空域利用率还可以提高600%。

我国通用航空器保有量排在世界前15名之后，我国人均通用航空飞行量和人均通用航空器拥有率仅为全球平均水平的12%和3%。我国通用航空机队规模不仅落后于发达国家，也仅为巴西10.3%和南非的20.6%。

日本是另外一个空域资源紧张的例子，日本通用航空应用主要集中在应急救援等社会公共服务领域，通用航空规模在发达国家中相对落后，空域和土地资源紧缺是日本通用航空发展滞后的重要原因。日本国土面积和人口为我国的3.9%和9.5%，是我国人口密度的2.44倍，日本发展通用航空的资源条件远比我国困难。但即使达到日本类似的人均航空器拥有量和航空器密度（航空器数量/国土面积），我国通用航空业仍有一个数量级以上的增长空间。

根据测算，如果按照全球平均水平计算，我国低空空域有3倍容量增长空间。如果达到我国运输航空在全球的相对发展水平，我国低空空域利用率还可以提高6倍。如果要达到全球航空发达国家空域利用率，我国全空域容量（军

航 + 航空运输 + 通用航空）还有3倍的增长潜力，低空空域有10倍以上的容量增长空间。空域资源不是当前我国通用航空发展的瓶颈，瓶颈是空域管理。

3.低空空域开放存在的问题

（1）法律法规不健全

目前，我国发布的关于低空空域管理的法律和规章数量十分有限，例如，行政法规类有《通用航空飞行管制条例》，规章类有《一般运行和飞行规则》（CCAR-91）、《小型商业运输和空中游览运营人运行合格审定规则》（CCAR-135R3）、《特殊商业和私用大型航空器运营人运行合格审定规则》（CCAR-136）等，这些法律规章在通用航空市场准入、安全运行、适航审定、飞行规则、飞机维修、专业技术人员执照、飞行控制等方面做了基本要求，在一定程度上改善了我国低空空资源的利用效率，优化了航空环境的经营和管理，在一段时间内适应了通用航空的发展需要。但从现实情况来看，我国在低空空域管理方面没有一个完整的法律体系，通用航空的法律法规及标准体系不完善，结构不合理。民航局颁布的现行有效的100多部民用航空规章中，专门适用通用航空的规章只有10多部。除了《中华人民共和国民用航空法》外，有关法律规范仅限于法规规章以及标准，法律层级不高。相关低空空域管理的行政法规急缺，缺少协调配套机制，更缺乏上位法的统领和指引。

（2）管理制度不协调，规则体系不统一

目前，世界主要国家和地区的空域管理模式各有特色，美国是国家航空航天局行使空域管理权，俄罗斯是以军队主导进行空域管理，欧洲采用一体化空域管理模式，新加坡采用政企分离的空域管理制度，而我国的空域也是以军队为主进行管理。空军作为空域管理的主体，负责具体划分各种空域的范围，军用飞机由空军和海军航空兵指挥，可以在任何空域内飞行；而民航飞机只能沿空军规定的航线、航路在规定的区域内飞行，除此之外，空军还规定了一些禁止飞行和在规定时间和高度范围内禁止飞行的区域。

因此，我国航空管制部门缺少通用航空飞行空域划分标准，不能合理划设低空空域，不能为低空空域使用者提供可靠的航行资料。负责低空空域使用的航空管制部门只能依据通用航空单位和个人申请的飞行计划，采用固定调配方法，划设低空空域使用范围，增加了组织实施通用航空飞行的难度。目前"一事一申请，一事一审批"的低空空域使用程序，与通用航空快速、灵活、高效的特点不相匹配，严重影响了通用航空飞行并限制了我国多元化通航活动的发展。

我国空域是由军民执行不同运行规则的两类队伍在使用，这很大程度降低了我国空域管理上的协调与协同能力。随着国家更加重视空域管理以及空域管理效率，通过军民深度融合方式统一我国空中交通管理的基础规则体系，无论是基础设施的统一规划、技术标准的协调一致、军民航空管人员的交流互通，都将进一步提高我国空中交通管理领域的资源匹配与高效利用。

（3）空中交通服务能力不足，空域管制设施落后

我国不仅在低空空域飞行许可上存在体制性困难，低空空域的空中交通服务品质也不高。如果按照国际民航组织评价空中交通服务的11个指标来评价，通用航空被迫执行仪表飞行的程序，却完全得不到仪表飞行的服务。例如，通用航空普遍存在被军民航空管部门调整起飞时间、调整航线轨迹、非自身原因备降等情况，而实际很难获得低空空域需要的通信导航与监视服务；再如，目视航路、通用机场的航行情报体系缺失，低空气象服务不足，没有低空公共频率，几乎所有通用航空需要的社会公共产品都很缺乏。

与此形成对比的是，欧美都为通用航空发展提供支持与资助，而不仅仅将通用航空视为一种潜在的收入来源。例如，美国空域对通用航空的空管服务是免费的，对公众开放的通用机场接受政府资助，因此起降费用低廉，FAA在

阿拉斯加地区提供起降地点的免费气象视频直播，帮助飞行员检索气象实况。

近年来军民航飞行活动量增长很快，通用航空飞行架次、时间、活动范围等急剧增加，虽然民航空部门增加了许多通信、导航、雷达等设备，但是仍不能实现全覆盖的有效监控。通用航空器类型多、设备性能差、飞行高度低、飞行速度小、导航能力差、通信范围小。同时，低空空域管理缺乏有效的预警探测、指挥控制设备，低空通信、雷达覆盖严重不足，现有的监视手段难以对其实时跟踪监控，经常出现"看不到、联不上"现象，飞行动态以准确掌握，尤其是沿海和国境地带飞行，容易造成不明空情。

（4）低空空域开放的航空安全和空防安全存在隐患

低空空域管理体制改革意见颁布后，低空空域的安全形势日益严峻。随着通用航空飞行量的增多，低空通用航空器与公共运输航空器的冲突也日渐增多，同时，政府监管措施短时间内难以提高，并且通用航空从业者良莠不齐、安全意识淡薄，这些都给空中安全带来很大的隐患。

低空空域中运行的航空器一般都具有飞行高度较低、飞行速度慢、体积小、自我保障能力差等特点，对于空防来说，难以掌控飞行动态，甄探探测难度大，如果低空管理不善，低空航空器难以控制。我国的空防管理模式陈旧，空域管理体制尚未建立差异化、管控分离的管理模式，同时也没有区分限制空域、特殊使用空域和空中交通服务空域，这种空管和空防统一的空域管理系统会造成空防安全压力增大，难以实现安全、高效的空中交通管制运行体系。同时，封闭式的管理方法和背后所造成的困难难以适应现代航空的发展。

4.我国低空空域管理改革

（1）改革的压力

①适应空域使用主体多元化的压力

传统空域管理建立在空域用户单一的前提下。20世纪，军队、民航运输航空公司是空域使用主体，空域管理适用于计划经济管理模式，可以通过军队和民航用户协商和空域分配完成，不必考虑民营企业和公民个人的空域使用需求。

改革开放以来，我国航空业的结构日益完善，从军方角度来看，空军之外增加了陆军航空部队和海军航空部队，火箭军也算广义上的空域使用者，军方空域使用主体增加。不同用户的空域使用需求差异较大，通用航空和陆军航空兵主要使用中低空，海军航空兵更多在海洋空域飞行，航空运输和空军以中高空飞行为主。

从民航业来看，民航运输业保持了国有企业的主体地位，但民营企业、合资企业逐渐加入。从通用航空业来看，民航走企业化道路后，通用航空业务逐渐由行业外国企、民营企业替代，目前通用航空业以民营资本和民营企业为主体。

以往民航内部业务流程采用航空固定电报网络（AFTN）来处理飞行计划和飞行动态通报，对一些小型民营企业、通用航空企业，这样的电报系统未必能够覆盖，要利用传真、互联网等公共通信网络来实现业务通信。军方由于特殊要求，日常业务审批还要使用更为传统的方式。

与企业不同，公民和私人飞行员在使用空域上完全不具备企业申请使用空域的事务处理能力，我国空域管理部门没有针对公民个人的空域申请程序，基本排除了私人飞行的可能性。传统空域管理方式不再适应我国空域用户日益多元化的现状。

目前通用航空飞行审批过于复杂。一次典型的通用航空飞行通常需要在飞行前进行四次申请。首先是飞行任务审批，向军方和民航地区管理局申请飞行任务，也就是先解释使用通用航空器做什么；然后需要向军方申请临时空域；得到批准后，可以向军民航空管部门申请次日飞行计划；对通用航空来说，起飞前还需要向飞行需要经过的所有军民航管制部门申请起飞许可。任何一家不同意，通用航空就不能起飞。

当前通用航空四个环节的飞行审批，实际上是空域使用的前置审批。这类程序性要求存在两个问题：一是必要性不足，飞行任务审批实质是要求通用航空使用空域前，必须证明自身的飞行需求是合法和必要的；二是申报审批信息重复，飞行任务审批和空域申请、飞行计划和起飞申请的信息基本一致，完全可以利用信息系统实现信息分发、流转与审批。这是全球最复杂的空域使用程序。

②适应航空器差异化的压力

我国航空历史上，绝大部分空域使用者的航空器飞行性能和机载装备相同、相近，都是以国家投资为主的军民航单位。因此在空域管理上可以制定一致的、相对较高的空域准入条件，所有机型可以遵循相同的飞行条件进行空域管理。

改革开放以来，不同背景、不同支付能力的企业、个人加入空域使用者群体，对空域分类、实施差异化管理提出新的要求。例如，国外一些航空器不配备甚高频通信设备，如果该航空器只在特定空域使用，不进入强制必须具备空地双向通信的空域，完全不必安装甚高频设备。但这类航空器在我国是不被允许起飞的，因为我国所有航空器都必须接受飞行管制，必须与空管建立双向持续通信联系。

我国要求航空器具备二次雷达应答机（SSR），这些要求是比较高的要求，对私人飞行、体育娱乐飞行来说不现实。动力三角翼、低端旋翼机等航空器不具备电路改造能力，无法安装此类监视设备，也没有必要，在超低空飞行的此类航空器即使安装 SSR 也难以实现监视能力。

此外，一些娱乐性、微型、轻型无人机实际不具备与空管部门持续双向无线电语音通信能力。目前在部分地域对微型、轻型无人机在负面清单空域之外、120米高度以下、视距范围飞行，豁免传统飞行计划审批，使用互联网报备飞行计划并记录飞行轨迹。这是一种适应我国空域使用现实的改革尝试与监管技术升级，在某种程度上，这是承认了120米以下非航空起降区域，是可以开放无人机使用的。部分使用超低空的通用航空业务（如景区的低空观光），与无人机飞行没有本质差异，完全可以采纳无人机申报和使用空域的方式。

不同通用航空类型的空域使用需求差异很大，随着体育娱乐、消费类需求和私人飞行日益增加，低空空域飞行日益复杂。要求私人飞行、娱乐体育飞行航空器具备经营类航空公司的装备要求，既不符合社会现实，也超出公民支付和消费能力，不能因为国家的空域管理需要而大幅加公民和企业使用空域的成本。

③满足持续增长空域需求的压力

我国空域管理是基于空中交通服务提供者具备全空域、全用户、同等级服务能力的假设。也就是，假设所有空域的一切飞行都可以接受空管部门提供的间隔服务。这一假设实质是假定空管部门有充分的信息获取与计算能力。或者是，当信息获取和计算能力不足时，限制空域的飞行量或特定类别的飞行。后一种情况是我国空域使用的真实情况。

我国不少管制区要求同一个空域内，只能允许一批次通用航空飞行。这实质就是终极的流量控制——空域只允许一架航空器进入可以从理论上排除飞行冲突的可能。大量通用航空企业反映，本来通用航空可以飞行的气候条件不多，适飞天气条件下还要军方没有活动才能使用空域，但一个空域只允许一批次飞行，极大限制了通用航空飞行需求，不少企业因此难以按期完成合同约定任务。

即使空域内的空管部门愿意提供服务，空域的容量也会受到通信、导航、监视装备性能的限制以及空管部门人力资源的约束，没有一个现代国家的空管部门可以无限制提供空中交通服务——尤其是飞行间隔服务。空域管理部门在相关空管部门不具备充分供给能力的情况下，却在制度上要求空管部门对所有空域和所有用户提供最高标准的服务，就一定会导致空域使用限制——制约飞行需求，通过这种方式来掩盖自身服务能力的不足。

国际民航组织推荐另外一种空域管理理念——空中交通服务部门的能力是有局限的，只能在特定空域为特定空域用户提供间隔服务，空中交通服务部门应当根据设施设备条件以及人员工作负荷，为不同空域、不同飞行类型用户提供有差异的空中交通服务。例如，欧美部分国家建立飞行服务站，为通用航空飞行提供飞行计划报备和空中飞行情报服务，而不是提供飞行间隔服务，飞行服务站的相关通信导航监视设施标准较低，飞行服务人员往往也不具备空中交通管制执照。

不仅军方如此，我国民航也对空中交通服务的边界存在模糊认识。例如，通用机场建立塔台几乎成为墨守成规的惯例，通用机场的管制塔台实质是建立一个覆盖机场的管制空域，需要为飞行提供间隔服务。但是，按照国际上建立塔台的标准，我国绝大多数通用机场都达不到必须提供间隔服务的飞行容量。

（2）改革的驱动力

空域管理一定要适应经济社会需求和技术发展的要求，适应持续发展的空域需求。我国空域改革有三个方面的驱动力。

①发展通用航空业的驱动力

2010年8月，国务院、中央军委颁布《关于深化我国低空空域管理改革的意见》。2016年，国务院办公厅发布的《关于促进通用航空业发展的指导意见》中，将通用航空定位为战略新兴产业体系，提出了具有挑战性的目标，各地方政府发展通用航空的积极性高涨。空域管理上一定要适应这些经济基础的改变，不能削足适履，用一双"童鞋"来套成人的脚。

我国通用航空显著滞后于经济社会发展需求，体量规模显著偏离正常比例。说明我国在制度体系上存在制约通用航空业发展的巨大障碍。

我国当前的空域管理已经与改革开放初期有很大不同，空域管理的发展是一个逐渐适应国家空域使用需求变化的过程。空域管理的效率提升是一个"挤"出来的过程。从来不会有主动的集约式空域管理模式，空域习惯用法是不会自然消失或升级的，除非外在压力或内在动力。发展通用航空业的共识与合力，将实质性地推动低空空域管制体制机制的调整。

②对外开放的驱动力

我国作为民航大国，也是全球航空业发展重要的推动力。一些领域已经处于全球民航业创新的前沿。例如，繁忙机场提升效率的需求可能在全球也是最有代表性的。随着智慧民航的发展，低空空域5G应用、低轨卫星监视等低空空域管理的数字化、自动化与智能化在我国有更大的发展动力与需求。随着我国新技术以及标准制定能力的提升，我国更加关注在 ICAO 等国际组织中发挥作用，更应当在执行国际标准的基础上，逐渐推广自己先进的空域管理理念和技术支撑手段，加强国际标准的应用与创新。例如，推广北斗导航国产大飞机。如果自身不重视、不执行国际标准，今后推广航空国际标准的可信度就不高。

③国防现代化的驱动力

空域管理改革动力也同样来自军方。各类先进、高性能军用机型列装，航空母舰具备战斗力以及部队开始执行境外任务，这些将从结构和体量上改变军事航空的空域使用，也促使航空部队进一步适应国际规范。在国际空域、公海空域、外国领空执行飞行任务，航空部队不仅要熟悉国际标准、国际语言，还需要能够按照国际标准协调空域、甚至共同使用空域，随着航空部队的现代化和在"深蓝"空域执行任务，更加开放和协作的航空部队将使用同一套程序规则、专业语言和技术标准与民航空管、地方政府开展空域协调，这将有利于我国空域管理现代化。即使在空域管理角度，国防与经济建设本质上也是相互促进的。

※ 学习记忆点：低空空域的概念

　　低空空域指的是真高1000米以下的飞行区域。我国对于低空空域的划分与国际民航组织划分不同，是按照管制空域、监视空域和报告空域来划分的。

4.4 低空空域监视技术

4.4.1 低空空域监视概述

1.我国低空空域监视发展现状

监视（Surveillance）作为空中交通管理的基础，为空中交通管理系统提供航空器的实时动态信息。管制员利用监视信息判断、跟踪空中航空器和机场运动目标位置，获取监视目标识别信息，掌握航空器飞行轨迹和意图、航空器间隔等。近年来，中国民航事业发展迅猛，整体水平不断提升，特别是国内低空空域的逐渐开放意味着通用航空即将迎来快速发展的时期，届时低空飞行活动的数量将会大量增加，空管监视的保障能力急需适应发展需求，加强对全国各航路（线）及终端监视覆盖，进一步减少盲区，增强空管保障能力是当前空管监视工作的重点。

我国东部沿海地区的空域特点为：空中交通流量大，飞行密度高，空域结构复杂，目前雷达系统的在航迹更新频率和监视精度方面的表现有待提高。随着航路数量的增加，空域越来越密集，雷达监视管制的压力越来越大，迫切需要能够提供更优秀监视性能的航管监视技术。我国西部部分地区虽然空域充足，但相应的地域辽阔、地形多样，而雷达设备体积庞大、部署难度大、投入成本高，雷达站设备的运输以及后续的设备维护和人员保障都存在很大的困难。而且在许多山区和偏远地区，不仅很难满足雷达台站建设的环境要求，也无法提供人员保障、电力供给，这些问题是雷达系统设备建设的客观困难。同时，许多支线机场航空运输均将保持快速增长，并且可能新增航路，而现有雷达系统覆盖率不足，且受选址条件严格，建设周期较长等因素影响，迫切需要监视新技术提供监视补盲与备份，提升监视覆盖及冗余备份能力。

2017年，民航局空管办下发《民用航空低空空域监视技术应用指导意见（试行）》（以下称《意见》）的通知。《意见》指出，其总体目标是，到2020年，构建以北斗定位信息为核心，兼容各种监视技术的低空空域监视技术服务保障体系，大部分低空空域运行的通用航空器与无人驾驶航空器实现北斗卫星导航系统定位，实现全国低空空域监视数据统一管理，为低空飞行服务保障体系提供航空器监视信息。根据通用航空活动需要实现基于北斗的多模导航运行，培育一批具有市场竞争力的设备制造商，设备研发制造水平和自主化率有较大提升，全面构建安全、有序、协调的飞行服务保障及低空监视体系。

2.低空空域监视技术

根据《意见》，低空空域监视技术主要包括广播式自动相关监视（ADS-B）、卫星定位＋北斗短报文（GNSS+RDSS）、卫星定位＋移动通信网络等。低空空域监视按照不同用途定义可分为空中交通管制监视、国家空域安全监视、公共飞行服务监视和其他监视四种类别。

（1）广播式自动相关监视（ADS-B）：采用1090兆赫扩展电文（1090ES）为唯一数据链，作为低空空域监视应用主要技术手段，推动广播式自动相关监视的建设与运行，通用航空与运输航空所用地面站设备采用民航统一技术标准。鼓励通用航空器采用"北斗+GPS"作为定位数据源。

（2）卫星定位+北斗短报文（GNSS+RDSS）："北斗+GPS"的航空器定位，采用北斗短报文进行定位信息传输，构建以北斗短报文数据为基础的北斗低空监视信息系统，实现对低空空域北斗定位与监视数据的汇集、融合、整理与服务。

（3）卫星定位+移动通信网络：实现"北斗+GPS"的航空器定位，在有条件的区域采用移动通信网络（4G/5G）实现定位信息传输。

我国"十三五"规划中明确提出推动"北斗"、ADS-B等新技术在通用航空中"先行先试"，开展示范应用，为运输航空提供数据支撑。典型的ADS-B发射机利用高频数据链进行通信，位置信息基本以GPS数据为主，在数据安全方面始终存在受制于人的隐患。而我国自主研发的"北斗"导航系统，目前已经向全球提供基本导航定位服务，2020年已覆盖全球。"北斗"系统所特有的短报文通信功能可为通航飞机监视技术提供卫星通信链路，在ADS-B出现信号盲区等情况下能继续提供通航飞机的监视服务。

3.低空空域监视分类

低空空域监视按照不同用途定义分为以下四种类别。

（1）空中交通管制监视：为空中交通服务系统提供航空器目标的实时动态信息，是进行空中交通管理的基础。

（2）国家空域安全监视：为国家空域管理部门、民航管理部门等提供涉及国家及公众安全的航空器目标实时动态信息。

（3）公共飞行服务监视：为飞行服务单位、通用航空运营人等提供飞行服务保障所需的航空器目标实时动态信息。

（4）其他监视：用于科学研究、旅客航班信息服务等不涉及以上三类监视应用的航空器目标信息的获取或提供。

4.监视技术要求

空中交通管制监视应当采用国际民航组织推荐使用的主要监视技术，鼓励采用"北斗+GPS"双模定位的ADS-B监视应用。国家空域安全监视应当符合"军民融合"战略要求，充分考虑多种监视手段与设施共享。公共飞行服务监视鼓励使用"北斗+GPS"双模定位，采用1090ES或北斗短报文技术实现定位信息传输。其他监视所采用的技术手段不做特殊要求，但不应对行业运行安全造成影响。

空中交通管制监视、公共飞行服务监视、国家空域安全监视所用ADS-B地面站设备以及无源多点定位系统应当取得通信导航监视设备使用许可，监视数据应接入民航ADS-B信息网提供共享。

5.技术应用与保障措施

以北斗数据为基础逐步建设低空监视信息平台，引接通航使用航空器的位置信息，同时采用现代化的通信手段实现航空器定位信息传输至低空监信息处理中心，实现对低空空域监视数据统一管理。推动通用航空器与无人驾驶航空器北斗定位设备加装，不断拓展低空监视能力，为低空空域管理与服务、国家安全监控体系和通用航空运行提供数据支持。

加快北斗定位和各类低空空域监视源数据的应用，对各类数据分级、分类管理，根据空域管理部门、民航管理部门、运行监控部门、飞行服务单位、通用航空企业、科学研究机构等的不同需要，汇集、整理、提供低空监视数据。深入挖掘低空监视数据在通航的应用领域，提高我国低空空域管理能力、飞行服务能力、行业监管能力和通航运行能力。

根据低空空域用户实际需求,加强政府在宏观资源调配方面的职能,最大限度满足用户应用需要,按照市场主导原则,对北斗无线电测定业务资源分配实施统一管理。

4.4.2 广播式自动相关监视(ADS-B)

1.ADS-B 的概念

ICAO 对 ADS(自动相关监视)技术的定义为:ADS 是一种监视技术,由飞机将机上导航定位系统导出的数据通过数据链自动发送,这些数据至少包括飞机识别码、四维位置和所需附加数据。

ADS-B 全称是 Automatic Dependent Surveillance-Broadcast,中文是广播式自动相关监视。顾名思义,即无须人工操作或者询问,可以自动地从相关机载设备获取参数向其他飞机或地面站广播飞机的位置、高度、速度、航向、识别号等信息,以供管制员对飞机状态进行监控。它衍生于 ADS(自动相关监视),ADS-B 技术是基于卫星定位和低空数据链通信的航空器运行监视技术,是为越洋飞行的航空器在无法进行雷达监视的情况下,希望利用卫星实时监视而提出的解决方案。

2.ADS-B 的原理

ADS-B 技术的基本原理是飞机将机载导航设备确定的飞机位置信息及其他相关信息按照标准组成 ADS-B 报文,通过1090ES 数据链或者其他数据链,按照一定的时间间隔进行广播式发送。ADS-B 地面站接收到 ADS-B 报文后,对报文进行分析和解码,利用 ADS-B 系统的连接网将数据发送到 ADS-B 系统的数据基站,在数据处理中心对数据进行后期的处理,数据经处理传送到相关用户的显示和提示系统中。

ADS-B 系统包括飞机的机载 ADS-B 系统、卫星导航系统以及地面 ADS-B 系统。飞机的机载 ADS-B 系统主要由两部分组成：收发装置和飞机运行参数测量计算装置，根据功能可分为发送（OUT）和接收（IN），IN 和 OUT 功能都是基于数据链通信技术。飞机运行参数测量计算装置主要为飞机自身装载的传感设备和控制单元，测量参数包括飞机运行的航行方向、速度、高度、气象信息（如温度、湿度）等信息。接收和发送装置包括信息接收设备和信息广播设备。信息接收装置，一方面接收导航卫星传送的信息；另一方面接收地面站以及其他飞机传送的 ADS-B 信息。地面 ADS-B 系统向航空器提供两种广播服务，一种是空中交通信息服务广播（Traffic Information Service Broadcast，TIS-B），另一种是飞行信息服务广播（Flight Information Service Broadcast，FIS-B）。

3.ADS-B 的发展

ADS-B 技术用于空中交通管制，可以在无法部署航管雷达的地区为航空器提供优于雷达间隔标准的虚拟雷达管制服务；在雷达覆盖地区，即使不增加雷达设备也能以较低代价增强雷达系统监视能力，提高航路乃至终端区的飞行容量；多点 ADS-B 地面设备联网，可作为雷达监视网的旁路系统，并可提供不低于雷达间隔标准的空管服务；利用 ADS-B 技术还在较大的区域内实现飞行动态监视，以改进飞行流量管理；利用 ADS-B 的上行数据广播，还能为运行中的航空器提供各类情报服务。ADS-B 技术在空管上的应用，预示着传统的空中交通监视技术即将发生重大变革。

ADS-B 技术用于加强空—空协同，能提高飞行中航空器之间的相互监视能力。与应答式机载防撞系统（ACAS/TCAS）相比，ADS-B 的位置报告是自发广播式的，航空器之间无须发出问询即可接收和处理渐近航空器的位置报告，因此能有效提高航空器间的协同能力、增强机载避撞系统 TCAS 的性能，实现航空器运行中既能保持最小安全间隔又能避免和解决冲突的空—空协同目的。ADS-B 系统的这一能力，使保持飞行安全间隔的责任更多地向空中转移，这是实现"自由飞行"不可或缺的技术基础。

ADS-B 技术用于机场地面活动区，可以较低成本实现航空器的场面活动监视。在繁忙的机场，即使装置了场面监视雷达，也难以完全覆盖航站楼的各个停机位，空中交通管理"登机门到登机门"的管理预期一直难以成为现实。利用 ADS-B 技术，通过接收和处理 ADS-B 广播信息，将活动航空器的监视从空中一直延伸到机场登机桥，能辅助场面监视雷达，实现"门到门"的空中交通管理。甚至可以不依赖场面监视雷达，实现机场地面移动目标的管理。

ADS-B 技术能够真正实现飞行信息共享。空中交通管理活动中所截获的航迹信息，不仅对于本区域实施空管是必需的，对于跨越飞行情报区（特别是不同空管体制的情报区）边界的飞行实施"无缝隙"管制，以及提高航空公司运行管理效率，都是十分宝贵的资源。但由于传统的雷达监视技术的远程截获能力差、原始信息格式纷杂、信息处理成本高，且不易实现指定航迹的筛选，难以实现信息共享。遵循"空地一体化"和"全球可互用"的指导原则发展起来的 ADS-B 技术，则为航迹信息共享提供了现实可行性。

ADS-B 技术对空中交通管制和航空公司均有好处，主要体现在以下两方面。

对于管制中心来说，ADS-B 地面站建设成本是传统二次雷达的1/9，精度可以提高至10米量级，监视数据更新速度更快（1秒1次）。在无雷达区ADS-B 作为唯一的机载监视数据源用于地面对空中交通的监视，以减小航空器的间隔标准，优化航路设置，提高空域容量，在面对如芝加哥管制中心失火、该区域雷达监视失效的情况时，可以相对灵活地将该区域飞机转交其他管制中心。而在雷达覆盖的区域，地面监视同时使用雷达和 ADS-B OUT 作为监视信息源。可以缩小雷达覆盖边缘区域内航空器的最小间隔标准，并且减少所需要的雷达数量。同时使用 ADS-B OUT 或者综合使用 ADS-B 和其他监视数据源（比如场监雷达、多点定位），可为机场的地面交通监控和防止跑道侵入等提供监视信息，并提高塔台人员的情景意识。

对于航空公司来说，ADS-B 的优点表现在安全、效益和容量三个方面。首先，ADS-B 可以保持或改善航空工业现有的安全标准。其次，在效益方面，ADS-B 极大地提高了 ATC 系统监视数据的精度，这会帮助 ATC 了解飞机间的实际间隔，使管制员避免效率低下的引导指令来保持间距。在尾随程序中，帮助飞机机动到最佳运行高度，允许飞行员向 ATC 请求并接收改变到更高、燃油效率更佳的巡航高度。最后，在容量方面，因为 ADS-B 的高精度和报告频率的增加可以大幅削减飞机的间隔要求，提高空中交通管制系统的容量。

4.ADS-B 的应用

（1）国际应用

鉴于 ADS-B 的种种优势，世界范围内都在积极推进 ADS-B 系统的建设，目前来说，最早的 ADS-B 强制要求是在2010年11月的加拿大哈德森湾，在那里尾随间隔将从80海里（148.16千米）缩小到5海里（9.26千米）。另外澳大利亚已在2013年12月开始强制实施 ADS-B 运行。由于澳大利亚西部大部分空域没有被雷达系统覆盖，所以他们选择了 ADS-B 监视，以避免昂贵的雷达系统建设费用和维护费用。欧洲计划对进入欧洲空域的飞机强制实施 ADS-B OUT，且自2013年起对生产线上飞机强制要求满足 ADS-B OUT 运行。美国在2020年1月对所有飞机，包括商用飞机和通用航空，强制要求 ADS-B OUT。

（2）我国应用现状

我国民航在西南、中南等地建设完一系列 ADS-B 台站并投入试运行。实践证明，ADS-B 新技术的应用增加了空域容量，加速了飞行流量，减少了航班延误。在 ADS-B、二次雷达混合覆盖区域，实验中出现过 ADS-B 信号分裂时雷达信号正常显示，雷达信号丢失时 ADS-B 信号正常显示的情况，验证了雷达系统和 ADS-B 系统互为备份监视手段的重要性和可行性。

相对于欧洲1991年做的有关 ADS-B 技术演练和美国在1992年开始的 ADS-B 技术正式研究，中国在 ADS-B 技术方面的研究是在1998年才开始的，并且启动了第一条基于 ADS-B 技术的 L888 的航路建设。2004年我国在北京、上海、广州分别建立了 ADS-B 管制中心。2005年7月，在西南地区的中国民航飞行学院完成 ADS-B 在亚洲地区的首次应用测试；2006年12月，完成绵阳、广汉、新津、遂宁、洛阳5个地面台建设，并完成对中国民航飞行学院的6种机型近200架飞机的 ADS-B 机载设备加装。

2012年11月，民航局发布《中国民用航空 ADS-B 实施规划》（以下简称《实施规划》），并于2015年11月进行了修订，明确了 ADS-B 实施的指导思想、基本原则、总体目标、阶段规划与技术方案，提出了推进 ADS-B 建设与运行维护的政策措施。《实施规划》中指出，到2017年年底，实现 ADS-B OUT（地空监视）初始运行；到2020年年底，实现 ADS-B OUT 全面运行；至2025年年底，完善我国 ADS-B 运行网络。

2017年4月28日，在民航局的指导下，华东局组织协调吉祥航空、华东空管局、上海虹桥机场、泰雷兹公司等单位，使用吉祥航空 A320/B-8317、8539、8955号飞机，实施了中国民航首次基于 ADS-B IN 技术的目视间隔进近（VSA）演示飞行。2018年8月，新疆通航北斗和 ADS-B OUT/IN 验证试飞圆满成功。

※ 学习记忆点：ADS-B

ADS-B 的中文是广播式自动相关监视，即无须人工操作或者询问，可以自动地从相关机载设备获取参数向其他飞机或地面站广播飞机的位置、高度、速度、航向、识别号等信息，以供管制员对飞机状态进行监控。相对于航空器的信息传递方向，ADS-B 分为两类：发送（OUT）和接收（IN）。

4.5　飞行服务

4.5.1　飞行服务站

1.通用航空飞行服务保障体系

通用航空的发展催生了对航空服务的需求，但由于空管部门很难提供适合的航行服务，大部分通用航空公司基本上自行提供情报、气象、飞行计划申请等通用航空服务，且服务能力弱，专业化程度低，效率低下。我国正在大力推进低空空域改革和通用航空产业的发展，尽快建立适合中国国情的通用航空飞行服务保障体系成为通航能否快速发展的前提。通用航空飞行服务保障体系可为通用航空提供全过程飞行服务保障，也是实施低空监视和管理的必要支撑。为了深化低空空域管理改革，完善通用航空服务保障体系，规范通用航空飞行服务站建设和管理，2012年10月，民航局发布《通用航空飞行服务站系统建设和管理指导意见（试行）》。

2.飞行服务站的概念

飞行服务站（Flight Service Station，FSS）是在飞行前、飞行中和飞行后为飞行员提供信息和服务的空中交通机构。不同于空中交通管制，飞行服务站不负责提供指挥、许可和间隔。

飞行服务站是在通用航空活动甚至各类民用航空中担负重要作用的飞行服务保障设施，最早出现在美国通用航空飞行活动中，通用航空飞行服务站系统主要为通用航空器提供必要的信息服务，保证通用航空器能够执行安全有序的飞行任务，能够把地对空服务和空中服务结合起来，有助于通用航空发展，是国家通用航空系统发展标志之一。可以说，飞行服务站是通用航空发展的助力，没有飞行服务站提供信息服务与安全保障，通用航空飞行也就无法展现其便捷、安全等特性。

美国目前约有180个FSS和58个自动FSS；与之相比，我国的通用航空活动规模小，FSS建设相对滞后。随着我国推行低空空域管理改革，2013年海南东方、深圳南投、珠海、沈阳法库4个FSS试点相继落成。2021年11月，长沙飞行服务站投入使用，这是全国首个可服务全省的A类飞行服务站。

3.飞行服务站的功能

飞行服务站基本服务功能包括：飞行计划服务、航空情报服务、航空气象服务、飞行情报服务、告警和救援服务。

飞行服务站提供飞行计划服务包括：飞行计划的申报服务、飞行计划的变更服务、飞行计划实施报告处理、飞行计划完成报告处理、飞行计划存储等。提供航空情报服务应当收集、上传本飞行服务站服务范围内的原始航空情报数据，并向通用航空用户提供所需航空资料汇编、航图、航行通告、飞行前和飞行后航空情报等服务。飞行服务站应具备接收天气报告、提供飞行前和飞行中气象服务、接收飞行员气象报告的功能，并提供本飞行服务站服务范围内的机场或者起降点的气象观测信息。此外,飞行服务站还应当提供飞行情报传输服务、空中交通咨询和机场情报咨询服务、提供告警和救援服务。

4.飞行服务的流程

按照飞机活动阶段,飞行服务工作流程按飞行前、飞行中、飞行后三个阶段组织。

(1)飞行前服务

包括飞行前讲解和飞行计划的申报。飞行前讲解提供气象信息、航空情报信息和对飞行计划的建议。飞行前讲解分为标准讲解、简化讲解和展望讲解。

(2)飞行中服务

飞行中服务主要包括:飞行中讲解和飞行情报服务、飞行中设备故障报告、飞行活动数据记录、飞行员气象报告、告警和救援服务、飞行计划实施报告等。

FSS通过低空空域对空监视和低空通信系统中的监视/通信中心站,可以获取本地区的监视信息,同时能够为通航用户或通航机场等提供通信服务、告警及救援服务。此外,FSS能够与区域级的FSS进行信息共享,把本站收集到的气象信息、情报信息、监视信息、告警及救援信息、飞行活动统计、飞行计划实施情况等上传到区域级的FSS进行汇总。同时,FSS也能够从区域级的FSS获取到更大范围的气象信息、情报信息、监视信息,为通航用户或通航机场提供更全面、更广泛的服务。

(3)飞行后服务

飞行后服务包括飞行员报告、飞行活动统计和飞行计划申请受理。飞行后通用导航设施报告是通用航空用户飞行后对通用导航设施工作状态的报告;飞行后气象报告是通用航空用户提供航线、活动区域内相关天气的报告。飞行服务站应根据飞行计划的执行情况进行飞行活动的统计；接收航空器落地报告，确定相应飞行计划完成。

4.5.2　通航FSS发展存在的问题与对策

我国自2012年启动了飞行服务站试点，出台了相关政策意见，但试点工作由于多种原因并未取得预期效果。

一是服务站功能没有真正实现。按照民航局发布的《通用航空飞行服务站系统建设和管理指导意见（试行）》，飞行服务站的主要功能集中在计划审批和情报服务两方面，计划审批方面由于军方授权问题，目前仅有海口服务站代为受理海南地区飞行计划申报，其他服务站均未获得军方授权；情报服务方面，服务站自身缺少气象、航行等情报信息获取渠道，加之缺少空地通讯频率及设备，导致飞行中服务难以实现。

二是基本数据信息难以获取。目前军民航气象部门、情报部门仅能提供机场、航路航线和高空的气象、情报信息，无法满足低空运行需求。同时由于基础信息难以获取、制作部门匮乏，低空目视航图长期缺失。

三是无法融入军民航现有体系。目前飞行服务站的人员状况、设备状况、数据格式标准等与军民航空管运行单位的差距比较明显。从服务站的运营管理来看，由于空域管理权限范围的限制，这些飞行服务站主要受军方的直接管理，民航无法对其实施有效的监管。

为了更好地推进飞行服务站试点工作，加快飞行服务站建设和运行，在现阶段我国空域属性及管理体制层面的根本性变短期内难以实现的情况下，需要进一步加强管理协调，积极搭建满足低空空域飞行监视需求的管理平台，在区域内形成低空飞行服务保障体系；要进一步加强军民融合，在规划、建设与运行过程中应当符合军民航相关规章、标准和程序，设备准入、运营资质、信息接口、工作界面都应当满足与现有军民航运行系统的兼容协同，避免后期运行中的障碍；要吸纳省级政府推动飞行服务站试点的经验，继续积极开展以省级政府为主体的低空飞行服务体系建设。

※ 学习记忆点：飞行服务站

飞行服务站（Flight service station, FSS）是在飞行前、飞行中和飞行后为飞行员提供信息和服务的空中交通机构。不同于空中交通管制，飞行服务站不负责提供指挥、许可和间隔。

※ 课后习题

1. 空域有哪三个属性？

2. 空域管理的三个主要原则是什么？

3. 低空空域一般指的是真空多少米以下的飞行区域？

4. ADS-B 的全称是什么？

5. 空中飞行规则分为通用飞行规则、（　　）飞行规则和（　　）飞行规则。

6. 按照避让规定，两架航空器在同一高度上交叉相遇时，航空器驾驶员从座舱左侧看到另一架航空器时，应当（下降 / 上升，选择一种操作）高度；从座舱右侧看到另一架航空器时，应当（下降 / 上升，选择一种操作）高度。

7. 什么是飞行服务站？

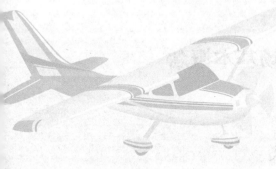

第 5 章

通用机场

5.1 通用机场基本概念

5.1.1 通用机场概念及分类

1.通用航空机场的定义

通用航空机场简称通用机场，属于民用航空机场的一类，民用航空机场还包括民用运输机场。目前，我国对于通用机场的定义尚无统一的标准。

《通用航空机场设备设施》中规定："通用机场是使用民用航空器从事公共航空运输以外的民用航空活动而使用的机场，包括可供飞机和直升机起飞、降落、滑行、停放的场地和有关的地面保障设施。"民航东北、西南、新疆地区管理局出台的通用航空建设管理规定部分或全部采纳了此表述。

2020年中国民用航空局制定的《通用机场管理规定》（CCAR-138）（征求意见稿）中对通用机场定义为：通用机场是指不提供30座以上的飞机载客服务保障的民用机场。

CCAR-121把30座以上航空器定义为大型飞机；《生产安全事故报告和调查处理条例》（国务院令第493号）将"死亡30人以上"定义为"特别重大事故"，将"死亡10到29人"定义为"重大事故"；通航业务框架将30座作为分界点，暂不开放30座以上的飞机开展经营性载客载人活动；美国NPIAS机场体系对商业服务机场和通用航空机场的定义也是基于定期和最大座位数来划分的。主要机场（即主要商业机场）定义为：对公众开放、提供定期客运服务、每年至少有10000名旅客乘机的机场。综合考虑通航业务框架、国外管理经验及事故等级的划分，将通用机场定义为不提供30座以上的飞机载客服务保障的民用机场。

2021年中国民用航空局最新编制的《通用机场建设指南（征求意见稿）》中规定："通用航空机场（General Aviation Airport）是指使用民用航空器从事通用航空活动的机场，包括可供飞机和直升机起飞、降落、滑行、停放的场地和有关的地面保障设施，简称通用机场。"

通用机场是专门承担除个人飞行、旅客运输和货物运输以外的其他飞行任务，比如公务出差、空中旅游、空中表演、空中航拍、空中测绘、农林喷洒等特殊飞行任务。通用航空机场的跑道导航设施往往比较简单，一般不具备大型民航飞机起降的条件。与民航机场长长的跑道相比，通用航空机场跑道相对较短。

2.通用航空机场的分类

因为通用航空机场的多样性，我国民航各地区管理局对于通用航空机场的分类标准也还没有完全统一。

（1）按照民航《通用机场建设规范》（MH/T 5026-2012），通用机场分为三类。

一类：指具有10~29座航空器经营性载人飞行业务，或最高月起降架次达到3000以上，或纳入政府应急救援及公共服务基础设施体系的机场。

二类：指具有5~9座经营性航空器载人飞行业务，或最高月起降架次600~3000，或具有对公众提供公共服务类飞行活动的机场。

三类：除一、二类外的通用机场。

（2）根据《通用机场分类管理办法》（民航发〔2017〕46号），通用机场根据其是否对公众开放分为 A、B 两类。

A 类通用机场：即对公众开放的通用机场，指允许公众进入以获取飞行服务或自行开展飞行活动的通用机场。

B 类通用机场：即不对公众开放的通用机场，指除 A 类通用机场以外的通用机场。

A 类通用机场分为以下三级。

A1 级通用机场：含有使用乘客座位数在 10 座以上的航空器开展商业载客飞行活动的 A 类通用机场。

A2 级通用机场：含有使用乘客座位数在 5~9 之间的航空器开展商业载客飞行活动的 A 类通用机场。

A3 级通用机场：除 A1、A2 级外的 A 类通用机场。

本办法所称商业载客飞行，指面向公众以取酬为目的的载客飞行活动。

表5-1　通用机场用途列表

机场类型			通用A1	通用A2	通用A3	通用B
规章	运行种类	分类				
121	国际航班		×	×	×	×
	国内航班	喷气	×	×	×	×
		螺旋桨	×	×	×	×
	包机/货运	喷气	×	×	×	×
		螺旋桨	√	×	×	×
135	通勤	小多发	√	○	×	×
		单发飞机	√	○	×	×
		直升机	√	○	×	×

（续表）

机场类型			通用A1	通用A2	通用A3	通用B
规章	运行种类	分类				
135	包机	大飞机	√	×	×	×
		小多发	√	√	√	×
		单发飞机	√	√	√	×
		直升机	√	√	√	×
	货运	大飞机	√	×	×	√
		小多发	√	√	√	√
		单发飞机	√	√	√	√
		直升机	√	√	√	√
91-H	作业	飞机	√	√	√	√
		直升机	√	√	√	√
		其他	√	√	√	√
	训练	飞机	√	√	√	√
		直升机	√	√	√	√
		运动类	√	√	√	√
91-H	空中游览	飞机	√	√	√	×
		直升机	√	√	√	×
		气球	√	√	√	√
		飞艇	√	√	√	×
91-K	代管人	大飞机	√	×	×	×
		大直升机	√	√	√	√
		小飞机	√	√	√	√
		小直升机	√	√	√	√

（续表）

机场类型			通用A1	通用A2	通用A3	通用B
规章	运行种类	分类				
91-J	私用大型	大飞机	√	×	×	√
		大直飞机	√	√	√	√
91	私用小型	小飞机	√	√	√	√
		小直飞机	√	√	√	√
	运动类	气球	√	√	√	√
		飞艇	√	√	√	√
		滑翔机	√	√	√	√
		自转旋翼	√	√	√	√
		初级飞机	√	√	√	√

（3）2020年《通用机场管理规定》（CCAR-138）（征求意见稿）中将通用机场按照其社会属性分为A、B两类。

A类通用机场是指对公众开放的通用机场，即可以为通用航空载客、空中游览活动提供服务的通用机场；B类通用机场是指不对公众开放的通用机场，即除A类通用机场以外的通用机场。

A类通用机场按照服务保障等级划分为以下两级：

A1级通用机场是指可以为乘客座位数10座及以上航空器的载客飞行活动提供服务的通用机场；

A2级通用机场是指除A1级外的其他A类通用机场。

此分类是根据对公众安全利益影响程度，以旅客座位数9座为界限划分为A1级、A2级通用机场。

规定所称载客飞行，指为获取酬金或者收费而从事旅客运输的飞行活动，并且合同当事人履行的是因运送旅客而发生位移的运输合同。载客活动，空中游览等部分载人活动对公众开放，其他非载人活动、自用飞行等通用航空飞行活动为不对公众开放。

该规定还将通用机场按照飞行场地的物理特性分为跑道型机场、水上机场和直升机场。跑道型机场一般指在陆地上可供固定翼飞机起降的机场。

在《通用机场建设指南》中除保留上述表述外，还给出几类机场的定义。

固定翼陆地机场（fixed wing land airport）：指在陆地上可供固定翼航空器起降的机场。

水上机场（water aerodrome）：主体部分位于水上，全部或部分用于水上飞机起飞、着陆、滑行及停泊保障服务的区域，包含水上运行区和陆上相关建筑物与设施。

直升机场（heliport）：全部或部分供直升机起飞、着陆和表面活动使用的场地或构筑物上的特定区域。

※ 学习记忆点：通用机场分类

2017年《通用机场分类管理办法》中，通用机场根据其是否对公众开放分为 A、B 两类，A 类通用机场又分为 A1、A2、A3 级通用机场。

5.1.2　通用机场功能与基本构成

1.通用机场功能

根据《国务院办公厅关于促进通用航空业发展的指导意见》（国办发〔2016〕38号）、《通用航空术语》（MH/T 1039-2011）、《国家发展改革委民航局关于促进通用机场有序发展的意见》(发改基础〔2018〕1164号),结合市场需求和通用航空业务性质,将通用机场的功能定位为交通运输服务、社会公共服务、工农林作业服务、航空消费服务及航空飞行培训服务五大类。

2.通用机场基本构成

通用机场设施包括飞行场地、目视助航设施、空中交通管制设施、安全保卫设施、消防及应急救援设施、供油设施、服务保障设施及公用设施。

(1)飞行场地

飞行场地(airfield area)是指机场中供飞机起飞、着陆、滑行和停放使用的场地。

固定翼陆地机场中供飞机起飞、着陆、滑行和停放使用的场地为飞行区。

水上机场及直升机场中供飞机起飞、着陆、滑行和停放使用的场地为飞行场地。

①跑道道面

通用机场道面类型分为铺筑面与非铺筑面。各种类型道面强度、表面特性应满足适飞机型的正常运行要求。

铺筑面道面类型包括水泥混凝土道面、沥青道面等;非铺筑面道面类型包括草皮道面、土道面等。草皮跑道应从跑道道面边缘向外至升降带边缘的横坡为降坡,坡度不小于2%,便于跑道排水。草皮跑道仅适用于起降非喷气式飞机,且飞机总重量小于等于5670千克。

②滑行道系统

滑行道系统包括进口滑行道与出口滑行道、平行滑行道、联络滑行道、机坪滑行道与机位滑行通道。

根据机场的功能定位及目标年起降架次、高峰小时起降架次及运行需要,规划建设滑行道系统。

③机坪

机坪（apron）是指机场内供飞机上下旅客、装卸货物或邮件、加油、停放或维修使用的特定场地。

机坪的位置、布局、面积、机位数量及服务车道等应满足通用机场的运行需求。对于直升机及固定翼航空器共用机坪，滑行道和机位的尺寸、间距等应同时满足相应的规范要求。

机坪停放机型及机位数量应按通用机场功能定位及航空业务量需求确定。

规划机坪应满足飞机能便捷进出机坪，宜减少对滑行道系统的运行影响。

合理规划机坪机位，在保障运行安全的前提下，根据需求可灵活设置布局方式。自滑进出、自滑进顶推出、密集型停放等驶停方式的机坪机位布置可参照图5-1、5-2、5-3。

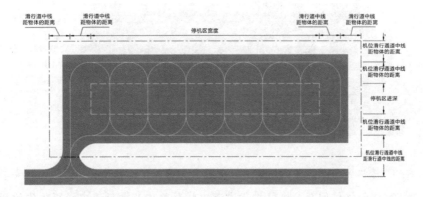

注：1. 停机区进深应满足拟使用机型最大机身长度及相应安全停放间距要求。

2. 相邻机位间距应满足《民用机场飞行区技术标准》（MH/T 5001）的要求。

3. 机位滑行通道中线距物体及滑行道中线距物体的距离应满足《民用机场飞行区技术标准》（MH/T 5001）的要求。

图5-1 固定翼航空器自滑进出机坪平面布局示意图

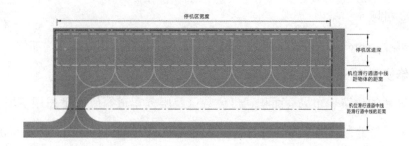

注：1. 停机区进深应满足拟使用机型最大机身长度及相应安全停放间距要求。

2. 相邻机位间距、机位滑行通道中线距物体及滑行道中线距物体的距离应满足《民用机场飞行区技术标准》（MH/T 5001）的要求。

图5-2 固定翼航空器自滑进顶推出机坪平面布局示意图

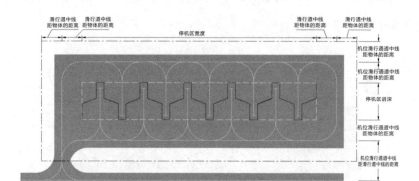

注：1. 停机区进深应满足拟使用机型最大机身长度及相应安全停放间距要求。

2. 相邻机位间距、机位滑行通道中线距物体及滑行道中线距物体的距离应满足《民用机场飞行区技术标准》（MH/T 5001）的要求。

3. 密集型停放机位安全线距机身距离应满足《民用机场飞行区技术标准》（MH/T 5001）的要求。

图5-3 固定翼航空器密集型停放机坪平面布局示意图

根据机坪的机位数量、驶停方式及机坪用地条件，可选用机坪单滑行通道、双滑行通道及单、双滑行通道组合模式，以提高机坪的运行效率。

停机坪的单个机位尺寸应按拟停放机型的最大尺寸控制，并满足安全净距的有关要求。

通用机场宜根据机型、气象条件设置地锚、除冰防冰设施等。

通用机场可根据需求设置机坪服务车道、地面保障设备停放区等。当设置服务车道时，其宽度不小于3.5米。

A1级通用机场机坪道面采用草地等非铺筑面的道面类型时，需对其强度及安全性进行充分论证评估。

（2）目视助航设施

①通用机场可根据运行需要配备相应的目视助航设施。飞行场地标志、灯光（如有）等目视助航设施建设应符合相应的《民用机场飞行区技术标准》（MH/T 5001）、《民用直升机场飞行场地技术标准》（MH 5013）、《水上机场技术要求（试行）》（AC-158-CA-2017-01）的要求。

②通用机场应设置风向标。拟在夜间使用的机场，风向标应有照明。

③通用机场在未设有目视进近坡度指示系统时，应设置着陆方向标。

④通用机场可根据跑道类别、道面类型情况设置相应的标志与标志物。

⑤拟在夜间或低能见度情况下运行的通用机场，为保障飞机起飞、着陆、滑行安全，应为飞机驾驶员提供良好的目视引导设施，可根据运行需要，安装相应的助航灯光和标记牌。

（3）空中交通管制设施

①通用机场可根据运行需求配置相应的空管设施，空管设施应与其管制、通信、导航、气象服务要求和方式相适应。

②根据管制和飞行的需求，可相应配置甚高频通信系统、多通道数字记录仪系统、手持或车载台无线对讲系统、时钟系统、广播式自动相关监视、

自动转报终端、航行情报信息终端、短波通信系统（在甚高频通信系统使用受限时配置）等设备。

③机场可根据运行需求设置塔台和空管用房，如设置塔台，其位置及高度按照《塔台管制室位置和高度技术论证办法》确定。塔台的设备配置可参考《民用航空机场塔台空中交通管制设备配置》（MH/T 4005）的相关要求。无人管制机场可不设塔台，需参照执行《无管制机场飞行运行规则》（AP-91-FS-2019-02）的相关要求。

④通用机场可根据其航行服务需求确定是否建设相应导航设施，在通用机场内和周边建设导航设施时，应满足《航空无线电导航台（站）电磁环境要求》（GB 6364）、《民用航空通信导航监视台（站）设置场地规范》（MH/T 4003）的相关要求。

⑤通用机场应具有获取本机场实时地面风向、风速、温度、湿度、气压、降水量等气象要素的能力；并与邻近的民航气象服务机构或当地气象部门签订协议引接所需气象信息。气象设施设备配置可参考《民用航空气象》（MH/T 4016）、《民用航空气象设备分级配备指导材料》（IB-4A 类通用机场设施、设备 ATMB-2020-003）的建设要求并结合自身需求确定。

⑥通用机场应当提供航空情报服务，通用机场航空情报服务可以委托其他航空情报服务机构提供。

（4）安全保卫设施

通用机场安全保卫设施应包括飞机活动区的隔离、安全、防范设施，旅客业务楼的安全设施、安检设施等。除高架直升机场、直升机水上平台和水上机场外，通用机场宜设置围栏及日常运行的道口，供运行人员和安保人员使用。日常运行道口可兼作为机场应急道口，供消防救援等应急车辆通行使用。跑道长度不小于1200米的A1级通用机场，宜设置巡场路。

（5）消防及应急救援设施

通用机场的消防及应急救援保障能力应参照固定翼陆地机场、直升机、水上机场相关消防要求执行。有条件者，通用机场的消防与救援可依托当地市镇的消防力量。

（6）供油设施

通用机场可根据设计机型、航线、起降架次、年耗油量和当地条件综合考虑，确定供油解决方案。通用机场如需建设供油设施，应参照《通用机场供油工程建设规范》（MH/T 5030）的相关规定执行。

（7）服务保障设施

通用机场应结合自身的业务类型选择配置服务设施，各类设施规模应根据通用机场的实际需求建设。

①通用机场功能含交通运输、航空消费时，应根据机场的航空业务量需求建设旅客业务用房。

②机场可根据实际需要建设场务用房，场务用房的功能，一般包括工作间、物资仓库、值班室、工具间、盥洗室、场务车库等。场务车库可与特种车库合建。

③机务用房包括外场工作间、资料室、设备工具间、充电间、航材库等。机务用房可与场务用房合建。

④特种车库一般设有车库（棚）、停车场以及业务用房。特种车库的建筑规模，应根据入库的特种车辆车型、车辆数量确定。

⑤机库一般可分为存放机库、维修机库、展厅机库、喷漆机库，机场可根据运营方的实际需求选择建设。

⑥通用机场功能定位包括短途货运时，可根据实际使用需求选择建设货运站。货运站一般设置货运仓库、业务用房、停车场、消防设施等，配置简单

的货物装卸、货物存放和货物安全检查设备。

⑦通用机场行政办公用房、生活服务用房、驻场单位用房、值班用房等建设规模应根据机场的本期预测的人员数量兼顾发展需要进行配置，人均建筑面积可参照当地的相关指标规定。以上用房在满足使用需求的前提下尽量考虑集中合并建设。

（8）公用设施

通用机场应配置供电、给排水、供冷、供暖、燃气、通信等设施，各类设施应根据通用机场的实际需求建设，并充分利用当地市政的相关设施，避免重复建设，节约建设成本。

通用机场通信设施一般包括有线通信和无线移动通信。

①有线通信应纳入通用机场所在城市的市话网或区域性有线通信网，远离城市的通用机场应建设专用通信线路接至机场所属城市的市话网。宜采用两路独立通信路由。

②中继方式应与通用机场所在城市或区域性的有线通信网及交换系统的型式相匹配；通用机场无线移动通信采用无线集群通信系统时，主站宜设在机场内较高建筑物的屋顶上。

※ 学习记忆点：通用机场基本构成

通用机场设施包括飞行场地、目视助航设施、空中交通管制设施、安全保卫设施、消防及应急救援设施、供油设施、服务保障设施及公用设施。

3.直升机场与水上机场

一个完整的直升机场包括运行区、滑行道、终端设备，有的直升机场还包括行政楼、停车场、维修停机坪等附属设施。直升机场运行区由最终进近和起飞区（final approach and take-off area，FATO）、接地和离地区（touchdown and lift-off area，TLOF）、安全区三部分组成，如图5-4所示为我国武汉亚心总医院直升机场样式图。

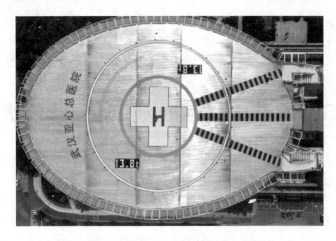

图5-4　武汉亚心总医院直升机场

最终进近和起飞区是供直升机完成进近悬停机动与着陆最后阶段，或起飞机动的区域。供1级性能直升机使用的最终进近和起飞区还包括终端起飞区。

接地和离地区是指供直升机接地和离地的一块承载区，通常位于最终进近和起飞区内。

安全区设于最终进近和起飞区周围，用于减少直升机偶然偏离最终进近和起飞区而造成危险的一块指定的无障碍（航行必需的设施、装置等除外）区域。

水上飞机能够提供其他航空器难以提供的空中服务而处于特殊地位。它具备飞机的速度和船舶的通用性，公共水上飞机基地的水上运行区（至少）包括进近/飞离航道（起飞/进近航道）、特定的（水上）航道、（水上）滑行道、锚泊区和岸线斜坡或凸式码头。水上飞机基地（可能）还包括其他岸线设施，如停靠码头、高度发达（成熟）的岸上设施、停机坪、维修机库、修配车间，还包括公共使用和行政管理（航空用途）的建筑设施。

※学习记忆点：直升机场运行区

直升机场运行区由最终进近和起飞区、接地和离地区、安全区三部分组成。

5.2　我国通用机场发展史及现状

5.2.1　我国通用机场的发展历程

1949年前后，我国民航局就成立了专业航空处，专门负责通用航空的管理和发展。通用航空飞行小时数和运输航空飞行小时数不相上下，基本上处于两翼齐飞的状态。1952年，我国已经拥有专供通用航空生产作业的机场或者起降点40个。到了1985年，我国已经建起通航机场60个，起降点300个。1986年1月8日，《国务院关于通用航空管理的暂行规定》中正式将专业航空改称为通用航空，与国际上的常用名称取得一致。从此刻开始，由于资源短缺和满足运输航空需求的增长，通用航空的发展被压制，在此后的几十年中缓慢前行。

当前，我国通用机场规划、建设和运营管理以2017年4月14日民航局发布的《通用机场分类管理办法》（以下简称《办法》）为界限，2017年4月14日前，通用机场由民航各地区管理局依据各自制定的规定参照民航运输机场的标准进行管理，包括选址、立项、设计、施工、质量监督、验收和运营等审批工作。这个阶段，局方共颁发了65个通用机场使用许可证。2017年4月14日后，民航局发布了统一的通用机场分类管理办法，各地区管理的相关管理制度全部取消，通用机场审批过程中不得参照运输机场的审批标准，自此，《办法》成为通用机场建设取证的唯一规章。《办法》颁布前各地区管理局颁发的通用机场使用许可证全部按照办法重新换证。截至 2018 年 12 月 31 日，局方共颁发了 202 座通用机场使用许可证。2020 年中国民用航空局制定的《通用机场管理规定》（CCAR-138）（征求意见稿）又做了新的调整。

1.我国通用机场发展阶段划分

从发展时序和阶段性特征来看，我国的通用机场的建设历程可分为以下四个发展阶段。

一是中华人民共和国成立前时期（1931—1949 年），当时已有军用机场和民用机场之分，但无运输机场和通用机场之分，仅有航空测量、航空摄影等通用航空作业飞行业务。

二是计划经济时期（1949—1985 年），尤其在 20 世纪五六十年代是农林类通用机场建设的高峰时期，早在 1952 年便已经拥有可供通用航空生产作业的机场或者起降点 40 个。1985 年以前的我国实行计划经济和市场经济相结合发展的阶段，这时期因包产到户而导致农业航空作业陷于停顿，农业航空机场建设停滞，但石油勘探类的工业航空作业及其配套的直升机机场建设开始兴起。

三是改革开放后的时期（1986—2017 年），这时期的通用机场建设成果较少，仅在发达地区因为公共服务的需要，零星建设一些通用机场，而且较多农林机场处于闲置或不饱和飞行状态。这一阶段局方仅颁证管理 65 个通用机场。这时期的农林航空作业发展相对缓慢，运输航空远快于通用航空，制约通用航空业发展的瓶颈因素始终未有根本好转，这使得通用机场和起降点的建设进展缓慢，长期维持原有的通用机场和起降点数量。

四是低空空域改革后的时期（2017 年至今），通用机场建设项目立项权限下放，低空空域改革，国家层面出台支持通用航空发展的政策，省、地、市三级地方政府发展通用航空的积极性被调动起来,各地政府建设通用机场的热情高涨,通用机场的规划、建设、取证呈快速增长态势,我国的通用机场建设由此进入新一轮的快速发展时期。

2.我国通用机场发展的阶段性特征

(1)中华人民共和国成立前的时期

1941年苏联飞机曾协助新疆进行灭蝗飞行活动,作业面积达18400公顷,这是我国近代首次开展的农业航化作业,这些飞行活动都是在军用机场进行的。

(2)计划经济时期

这个时期,我国通用航空的发展速度相对快于运输航空,主要侧重于农林作业飞行或者航空体育业务,兼顾航空物探、航空摄影、抢险救灾等通用航空活动,主要服务于经济建设或军事航空后备力量的培养,所使用的通用机场大多都为简易机场,跑道主要为土质道面。

(3)徘徊发展时期

这个时期的通用航空业冲击严重,通用航空作业仅累计完成280882飞行小时,整个通用航空业发展陷入低谷,但仍按照国家计划执飞了农林飞行作业、航空物探、航空摄影测绘等通用航空任务。这一时期在部分通用机场遭到停用或废弃的同时,也修建了一些新的农林作业类简易机场。

(4)改革开放后的时期

我国通用航空服务的重心由从事农林生产作业的农林航空领域逐渐转向服务于近海和陆地上石油勘测、电力巡线作业的工业航空领域,至世纪之交,空中观光、公务飞行、私人飞行等逐渐兴起,通用航空服务领域的多元化格局逐渐形成,由此使得通用机场也呈现多样性。通用航空功能的多元化和高端化使得通用机场的主要使用机型多样,跑道技术标准差异大,通用机场的建设等级标准也相应提高。

（5）低空空域改革后的时期

2010年8月国务院、中央军委《关于深化我国低空空域管理改革的意见》正式出台，改革分三个阶段：第一个阶段是试点，即2011年前在沈阳、广州飞行管制区试点，进一步积累经验；第二个阶段是推广，即2015年年底前，在全国推广试点成果，基本形成政府监管、行业指导、市场化运作、全国一体化的低空空域运行管理和服务保障体系；第三个阶段是深化，持续深化低空空域管理改革对于加速通航产业建设，促进民航行业发展和推动国家经济增长具有重大意义，许多地方政府与企业个人也都因势而为，积极筹备通航机场，维修基地，飞行俱乐部等通用航空相关业务。

※ 学习记忆点：我国通用机场的建设历程

可分为以下五个发展阶段：

（1）中华人民共和国成立前的时期；（2）计划经济时期；（3）徘徊发展时期；（4）改革开放后的时期；（5）低空空域改革后的时期。

5.2.2　我国通用机场的分布现状和建设

1.通用机场的分布现状

（1）国内方面

通用机场对保障通用航空业持续健康发展有着至关重要的作用。中国内地的通用航空基础设施可分为已颁证的通用机场和尚未颁证的临时起降点。

根据《2019年中国通航报告》数据，截至2019年6月30日，全国共有228个获得中国民航局颁证的通用机场（见图5-5所示）。中国最北部省份也是中国最大的农业基地——黑龙江省，拥有最多的84个颁证通用机场，黑龙江省的通用机场主要用于农业、林业和飞行培训。当前中国共有234个直升机场和停机坪,其中33个位于制造业中心广东省。广东省也是中国所有省份中收入最高的经济体。

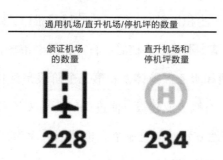

图5-5　2019年通用机场和直升机场数量

来自 GAMA(通用航空制造商协会)的数据显示,2019年10月12日,民航河北监管局签发了唐山南湖机场和艾莫森高碑店机场两个通用机场的使用许可证,至此全国领证通用机场数量达到239个。相较于同期颁证运输机场的238个,在中国民航历史上首次实现了历史性超越。从通用机场数量来看,近两年在通用机场建设进程较快,通用机场数量同比增长超过20%,截至2020年上半年,全国通用机场数量达到了296个,各地区颁证通用航空机场排名见图5-6所示。

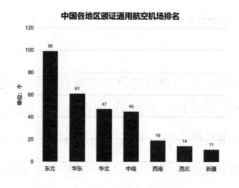

图5-6　中国各地区颁证通用航空机场排名

中国航空运输协会通用航空分会发布《2020—2021中国通用航空发展报告》。截至2020年年底，已在中国民用航空局取得使用许可证及备案的通用航空机场共339个。从分布地区来看，通用机场排名前三的地区分别是：东北地区102个，华东地区77个，中南地区57个。图5-7所示为通用机场的地区分布情况，图5-8所示为各地区不同类型通用机场分布情况。从各省来看，通用机场排名前三的分别是：黑龙江88个，广东27个，江苏25个。

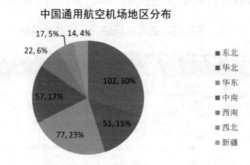

图5-7 2020年年底中国通用机场地区分布图

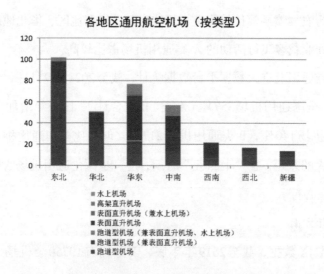

图5-8 2020年年底各地区通用机场分布图（按类型）

据通用机场研究中心《2020年通用机场数据简报》显示，目前允许公众进入以获取飞行服务或自行开展飞行活动的通用机场（A类通用机场）较少，但2020年我国通用机场建设发展迅速，通用机场总量和增长量均有较大突破。

在全国通用机场中，A类通用机场仅有127个，占比37.5%，同比增长30个，增长率30.9%；B类通用机场212个，占比62.5%，同比增长67个，增长率46.2%。而A类通用机场中，可供大型航空器（乘客座位数在10座以上的航空器）开展商业载客飞行活动A1类通用机场83个，占A类通用机场的六成以上。

表5-2　通用机场统计（按分类数量）

A类			B类	合计
127				
A1	A2	A3	212	339
83	27	17		
24.48%	7.96%	5.01%	62.54%	100.00%

从地区来看，东北地区、新疆地区以不对公众开放的B类通用机场为主，主要支持进行农林喷洒等传统作业；相比之下，华东地区、华北地区、中南地区支持开展商业载客飞行活动的A类通用机场占比较高。

根据星越通用航空大数据平台数据统计，截至2021年9月底，全国机场总数共793个，全国通用机场357座（A类、B类合计），比去年增加了74座，其中A类通用机场140座，B类通用机场217座。但相比美国通用机场数量，我们有着相当大的差距。在"十四五"时期，进一步深化通用机场管理改革，刻不容缓，势在必行。

（2）国际方面

根据GAMA数据，截至2019年年底，美国拥有19750个机场，其中私人民用机场数量达到14120个，占比达71.5%（包括直升机场5425个，水上机场

290个，普通机场8405个）；欧洲拥有通用机场3924个，占比17%。2019年全球主要国家颁证通用航空机场数量分布见图5-9所示。

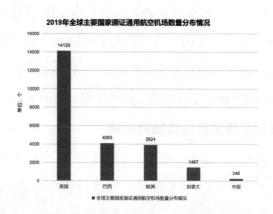

图5-9　2019年全球主要国家颁证通用航空机场数量分布

据民航局通用机场信息平台（GAAIP），截至2020年6月底，我国每10万平方千米通用机场数量仅有3.02个；而在国际市场方面，法国、美国、巴西、加拿大等国家的数量分别是420个、211个、48个、17个，见图5-10所示。

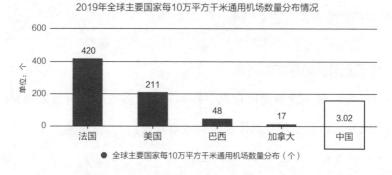

图5-10　2019年全球主要国家每10万平方千米通用机场数量分布

在通用航空机场规划方面，美国对此较为重视，美国联邦航空局在《国家一体化机场系统计划（2019—2023）》中，共列出各类通用航空机场2941个，并将这些通用航空机场分为五大类。其中，国家级通用航空机场88个、地区级通用航空机场492个、本地级通用航空机场1278个、基本级的通用航空机场840个、未分级通用航空机场243个。

国际上通用航空机场建设行业知名企业众多，如美国西锐飞机设计制造公司、加拿大庞巴迪宇航集团、美国湾流宇航公司、美国赛斯纳飞机公司、美国豪客比奇飞机公司、法国达索飞机制造公司、欧洲直升机股份有限公司等。这些公司为通用机场的建设与发展提供了强有力的支持。

※ 学习记忆点：我国通用机场的现状

1.2019年10月12日，全国领证通用机场数量达到239个，相较于同期颁证运输机场的238个，在中国民航历史上首次实现了历史性超越。

2.截至2020年年底，已在中国民用航空局取得使用许可证及备案的通用航空机场共339个。从分布地区来看，通用机场排名前三的地区分别是：东北地区、华东地区、中南地区；从各省来看，通用机场排名前三的分别是黑龙江、广东、江苏。

2.我国通用机场存在的问题

通用机场规划建设当前还存在一些问题，或多或少都与目前尚缺乏科学合理的全国或区域性通用机场体系布局规划有关。

（1）可供通用飞机起降的机场数量少

长期以来，我国通用机场数量增长偏少，其原因首先是规划建设长期沿用运输机场建设标准和审批程序，通用机场建设的技术标准过严，审批层级过高，周期过长，直接制约了通用机场的建设发展；其次是我国的通用机场建设投资与管理体制不明确，导致通用机场布局建设总体上滞后；最后，省级政府出台促进当地民航发展意见或民航发展规划侧重于运输机场的发展，而对通用机场的规划建设相对缺乏重视，同时各省级政府的重视程度差异较大。这样最终导致目前通用机场数量少、建设速度慢、区域布局不均衡的局面。

（2）通用机场分布不均衡

在我国通用机场数量快速增长的同时，通用机场总体布局在区域层面、省域层面、城市层面存在不均衡布局的现象。

（3）通用机场布局尚未网络化、体系化

我国目前的通用机场少，且分布不均衡，专业通用机场开发程度低，缺乏高架直升机机场、水上机场、公务机机场等专业化的通用机场，总体上尚未构建网络化、体系化的通用机场群。虽然通用机场的建设审批核准权下放到省级地方政府，但是尤其是在地市级层面尚缺乏区域通用机场体系规划，该行政区划层级正对应着通用机场群。此外，针对通用航空服务方面，各通用机场之间也未形成"互惠互利、互联互通"的开放平台体系。

（4）通用机场缺乏规划与政策支持

我国通用航空机场发展与国际水平相比有非常大的差距，还包括政策原因，在政策导向、规划制定和决策上对通用航空没有给予应有的重视。

（5）通用航空企业发展缺少动力

我国通用航空发展制约因素之一就是通航企业的欠缺，虽然受政府引导，但市场化仍然有待加强。企业缺少动力直接影响通用机场的建设，我国的机场建设较晚且较少考虑通用航空飞机的机场建设。

（6）我国空域管制的限制

我国的空域管制对通用机场选址地点和空域使用存在种种限制，审批手续和过程烦琐漫长，现行规定存在不少模糊地带，这使得通用机场建设受到阻碍。

3.我国通用机场建设发展

2017年民航局出台了《通用机场分类管理办法》，首次将通用与运输机场的管理政策剥离，成效显著，当年就新增颁证机场80个。2019年国务院办公厅印发《交通运输领域中央与地方财政事权和支出责任划分改革方案》，进一步理顺了民航管理部门与地方人民政府的职责划分。随后，民航局发布《B类通用机场备案办法（试行）》，上线"通用机场信息管理系统"，大大简化了机场的准入流程。通过一系列专项政策供给，通用机场迈入快速发展阶段，通用机场管理制度正在全面重构。

经过这几年持续推进的通航改革，通用机场准入门槛和制度性成本较高的矛盾已经转变为各方面管理制度能否有效衔接、配合和协同的问题，各方机制亟待理顺、调整和优化的问题。只有有效厘清通用机场建设、运营的具体机制，才能持续释放政策红利。

在实现多领域民航强国建设的新征程上，深化通用机场改革，促进通用机场高质量发展，我们不能不顾国情条件，以拿来主义简单套用，必须坚持从中国民航的实际出发，充分参照借鉴国际有关经验，循序渐进，共同应对发展中的困难与问题，逐步蹚出一条适合中国通用机场建设发展的路子，从基础设施层面为真正实现"两翼齐飞"贡献力量。

根据民航局编制的《全国通用机场布局规划》，到2030年，全国通用机场将达到2058个。按照"十三五"规划，每个通用机场配置10架通用航空器，每架通用航空器配置1.4名飞行员，运营、维修、租赁市场规模按通用航空制造业规模的0.8比例测算，到2030年，中国通用航空市场规模总和将达到1.4万亿元左右，2020—2030年中国通用航空市场规模增量达到1.2万亿左右，市场规模年复合增长率约为21%（通航航空器单价按2621万元、通用机场建设按2亿元、飞行员培训费用按60万元进行测算）。

2021年是"十四五"规划的开局之年，"多领域"民航强国建设已经踏上新征程。"多领域"意味着不仅要发展运输航空，还要重点发展通用航空。民航局已将通用航空定位为未来中国民航的主攻方向，成立了通航领导小组，明确了"放管结合、以放为主、分类管理"的指导思想，制定了通航业务和法规总体改革"两个框架"。而在各地亮出的"十四五"规划中，已有27个省区将通用机场建设纳入其中，多个地方政府还制定了通用机场建设的专项支持政策，通用航空的未来充满希望。

目前中国通用航空机场建设行业领先企业有：中信海洋直升机股份有限公司、上海正阳投资集团有限公司、新疆通用航空有限责任公司、成都飞机工业（集团）有限责任公司、海南亚太通用航空有限公司、北京泛亚通用航空有限公司、精功（北京）通用航空公司、西北民航机场建设有限责任公司、中国中铁航空港建设集团有限公司、安徽民航机场建设发展有限公司等。

※ **学习记忆点：我国通用机场存在的问题**

（1）可供通用飞机起降的机场数量少；（2）通用机场分布不均衡；（3）通用机场布局尚未网络化、体系化；（4）通用机场缺乏规划与政策支持；（5）通用航空企业发展缺少动力；（6）我国空域管制的限制。

5.3　通用机场规划建设与运营管理

5.3.1　通用机场规划体系

区域通用机场体系与通用机场群体系，都是目前我国在通用机场建设规划的表现形式。区域通用机场体系是在行政辖区范围内进行空间布局、管理体系及运行模式三者的统筹。通用机场群更多地依托于地域空间的聚集。完善的通用机场布局规划应建立健全功能分工体系、空间分布体系和等级分类体系三大结构体系，最终在全国范围内构建规模适应、布局合理、功能定位准确的现代化通用机场体系。

1.区域通用机场体系

（1）区域通用机场的功能分工体系

按功能的定位可将通用机场分为经济建设类、消费市场类、公共服务类三大类。经济建设类通用机场是传统的通用航空作业领域，主要应用于农林航空作业和工业航空作业领域；消费市场类通用机场是通用航空未来发展主体，提供公务航空、航空旅游等服务；公共服务类通用机场是通用航空发展的重点，提供公安警务、医疗救护等公益性服务。

通用机场的功能划分需要与机场所在地区的城市发展、经济基础、社会文化等多方面相匹配，并反映出单个通用机场在整个区域通用航空体系中的地位和作用、通用机场体系中各通用机场之间的功能特征、通用机场与运输机场的联系等方面。作为具有公共基础设施属性的通用机场主要包括三大服务功能：公共服务功能、经济建设服务功能和消费市场服务功能。

①公共服务功能

这类机场主要为社会公众提供基础性、公益性各类公共服务，重点突出航空应急救援公共服务功能，其规划建设和运营管理的主体为各级政府部门。以大中城市的警用机场、沿海的海上救助机场为核心，发挥其在应急救援、医疗救助、消防救灾、城市管理等方面的公益性功能；再者以通勤机场为核心，发挥其在老少边穷、交通不便地区的运输航空功能，并提供改善老少边穷地区交通条件的普通航空服务。

②经济建设服务功能

这类通用机场具有工业、林业、农业、畜牧业、渔业和建筑业等传统通用航空作业功能，从事农林业生产、航空物探、飞播造林等作业飞行服务。这类通用航空主要满足各类经济主体进行的通用航空服务，注重发挥通用航空的经济效益，其规划建设和运营管理的主体为从事经济活动的企事业单位。

③消费市场服务功能

这类以经营性功能为主导的通用机场，以专业化通用机场为基础，提供通用航空产业、私人商务飞行、航空旅游、航空培训、航空运动、飞行培训、航空俱乐部、航空小镇等个性化的通用航空服务，这类通用机场的规划建设和运营管理主体为企业或私营业主。

（2）区域通用机场的空间分布体系

从飞行小时的市场份额来看，我国通用航空业务结构相对低端。总体上我国应积极拓展通用航空服务功能，巩固发展工农林航空和飞行培训等传统通用航空业务，提升农林类机场建设标准，调控航空工业类机场，优化飞行培训基地的总体布局；推广应用新兴的通用航空短途运输服务，重点建设边远地区的通勤航空类机场；建立健全航空医疗救护和公共应急救援服务体系，打造日常运营和应急处置相结合的公共服务类机场体系；大力推动发展公务航空、航空旅游、私人飞行等消费型服务，引导民营资本主导或参与公务机机场和航空消费为主的通用机场建设。

通用机场体系包括通用航空作业体系（工业、农业、林业、渔业、建筑业、采油、探矿作业），通用航空运输服务体系（通勤、公务、旅游、邮政），通用航空飞行培训体系（私照或商照培训、机务维修培训），航空应急救援体系（海上、内河、城市管理、警用、消防、医疗），航空运动体系（航空运动学校和飞行俱乐部）。

（3）区域通用机场的等级分类体系

依据中国民用航空局和各民航地区管理局发布的通用机场建设管理程序，通用机场分类涉及设计机型、飞机类别、月起降架次量和通导设施水平等诸多因素，其分类依据有：按照是否对公众开放，按照机场对公众利益的影响程度，按照机场建设规模、可起降的航空器类别和使用频次，按照机场建设规模等。

2.通用机场群体系

不同于区域通用机场体系，通用机场群体系更多依赖于地域的聚集，也是目前我国通用机场建设发展的主要方向。

（1）依托城市群形成的通用机场群

从世界角度来看，发达国家的主要大都市区普遍拥有通用机场群，分别承接公务航空、空中浏览、应急救援、临空产业等多元化的通用航空功能，尤其拥有专用的公务机机场，如纽约地区的泰特波罗公务机机场、伦敦地区的范登堡公务机机场兼航展机场，以及芝加哥地区的领袖机场等。在管理体制上，国外大都市区通常有专业化的通用机场管理公司对通用机场群进行管理，如American Airports Corporation为美国最大的通用机场管理公司之一，通过长期租赁、委托运营管理和收购等方式，仅在洛杉矶地区就管理有5家通用机场，并在阿肯色州经营1家FBO。

我国在2021年的《国家综合立体交通网规划纲要》中提出，到2035年，中国民用运输机场数量将达到400个左右，基本建成以世界级机场群、国际航空（货运）枢纽为核心，区域枢纽为骨干，非枢纽机场和通用机场为重要补充的国家综合机场体系。重点建设京津冀、长三角、粤港澳大湾区、成渝四大世界级机场群。

各省市积极部署，充分利用运输机场发展通用航空服务，结合各省经济社会发展、运输机场规划布局和高速公路、高速铁路的通达情况，统筹考虑通用航空需求范围和需求条件，按照通用航空特色产业集群的要求，规划布局通用机场群。

2022年1月，河北省发改委印发《河北省通用机场布局规划（2021—2030年）》，明确提出到2030年，形成以 A 类通用机场为主体、B 类通用机场为补充，功能完善、覆盖广泛的通用机场体系，全省规划布局东部沿海、环京津及雄安新区、西部北部、中南部四个通用机场群。

2022年1月，广东省委印发《广东省综合立体交通网规划纲要》提出，建设功能协同的全球卓越机场群，积极推进通用机场和直升机起降点建设。构建以珠三角地区为核心，覆盖粤东、粤西、粤北地区的通用机场布局，满足公务飞行、城市巡逻、应急救援、森林航空护林、海上搜救、休闲旅游等通航飞行需求。将台山通用机场列入通用机场布局。

2021年10月，重庆市政府发布《重庆市综合交通运输"十四五"规划（2021—2025年）》明确提出，"十四五"期间，规划投资230亿元，着力打造"市内航空双枢纽协同、成渝四大机场联动"世界级机场群，实现干线机场、支线机场、通用机场联动发展。

（2）新型城镇化和新型工业化路径下的通用机场群

从世界范围来看，机场地区最终将演变为具有城市基本功能的各类特色性航空小镇，包括居住型、产业型、旅游型、会展型和商业型等。

我国践行新型工业化和新型城镇化的实施路径之一是建设航空产业园和航空小镇。

航空产业园区可以覆盖通用航空产业全产业链，为通用航空产业的发展提供了极大支持。我国航空产业园区在政策推动下已经进入快速发展阶段，近年来年均增长数量超过10个。2018年，我国航空产业园区数量达到84个（包括已经运营、正在建设和批复未建设），以制造型园区为主流，主要集中在山东、江苏等地。目前，我国不少地方政府正在积极规划建设通用航空产业基地，将发展通用航空产业视为优化升级地区产业结构、转变经济发展方式的重要途径。除了西安、珠海国家级通用航空产业园之外，哈尔滨、安顺、成都、天津、滨州、南昌、石家庄都在计划发展以制造为基础的通用航空产业基地。我国通用航空产业迅猛发展，通用航空企业数量不断增加，但是较发达国家还存在一定差距，通用机场数量远远不及美国、日本等国家，未来航空产业园将向联盟化、专业化、服务化等方向发展。

通航小镇是指围绕通航核心业务与基础设施，可具备生产、居住、商务、休闲、旅游、会展等多种功能指向的城镇化聚焦区。通航小镇迎合了我国通用航空产业的巨大前景，以通用航空机场运营拉动相关产业集聚并引领人的城镇化。目前国内已有浙江建德、湖北荆门、石家庄栾城等不少地方在推动通航小镇建设。

通航小镇具备三个核心特点：

①区位上依托通用机场，通用机场是带动通航小镇形成产业集聚和空间集聚的核心；

②功能上关联通航核心业务，形成多元集聚，形成生活、商务、休闲、旅游、养生等多元要素的融合；

③路径上复合发展，每个通航小镇都应当依托所在区域的基础条件和资源形成具有特色的发展路径，避免千篇一律、复制模仿，这与国家倡导的特色小镇的发展路径相一致。

发展通航小镇要遵循特色小镇的一般规律，即"产业＋文化＋旅游＋社区"四位一体、融合发展。通航小镇发展的关键是形成创新的"通航＋"模式，有机场、有空域、有飞行是基本的前提，通航＋运营、通航＋旅游、通航＋制造、通航＋物流是通航小镇发展的主要功能模块。

从目前通航小镇的开发来看，通航＋旅游模式比较现实，有多个通航小镇规划强调与文化旅游资源的结合，发挥通用航空消费属性，发展航空体验、主题乐园、低空旅游、航空运动等项目，进一步提升旅游景区品质，强化小镇旅游目的地建设。典型案例如浙江建德航空特色小镇、荆州爱飞客航空小镇。而依托通航＋物流带动相关产业发展，将为通航小镇发展带来新的模式和机遇。

※ 学习记忆点：通用机场建设规划

目前我国在通用机场建设规划的表现形式为区域通用机场体系与通用机场群体系。

通用机场群体系包括：

（1）依托城市群形成的通用机场群；（2）新型城镇化和新型工业化路径下的通用机场群（航空产业园和航空小镇）。

5.3.2　通用机场规划与建设

1.基本要求

通用机场的建设应贯彻"统筹规划、分期建设、适度超前"的原则，制定通用机场的建设计划。通用机场建设前期，应明确拟建机场的类别、功能，确定拟用机型，预测航空业务量需求，据此合理规划建设通用机场的各项设施。

航空业务量应从以下几方面预测：

根据机场功能、主营业务类型和机场需求进行各项业务量预测。

航空业务量预测年限分为近期及远期，近期为10年，远期为20年。

综合考虑机场所在地的经济、人口、旅游、交通等影响因素，结合机场定位和特点进行预测方法的选择。

预测内容和基本参数包括年旅客吞吐量（人次）、年货邮吞吐量（吨）、高峰小时旅客吞吐量、年起降架次、高峰小时起降架次、机位数、候机设施面积、货运设施面积等。

2.机场选址

通用机场的场址应符合所在地省级通用机场布局规划、交通运输系统规划，与所在地国土空间规划相协调。

通用机场场址宜靠近主要服务对象，或与城镇距离适中，地面交通便利。

通用机场场地条件应满足拟使用机型安全起降、滑行、停放需求，飞行场地和其他保障设施的需求，如有远期发展规划，应满足远期建设需求。

通用机场跑道方位宜与盛行风向一致。机场利用率宜不少于90%。

通用机场场址起降方向应避开居民区、学校、医院等噪声敏感区，进离场航线应避开城镇上空。

通用机场场址净空条件良好，满足飞机安全起降要求。应至少保证跑道两端和一侧净空环境良好，尽可能减少净空处理量。

通用机场场址应避开各类空中禁区，宜避开各类空中限制区。场址使用空域与周边机场以及其他空域的矛盾可协调解决。

通用机场场址应具备引接道路和供水、排水排污、供电、通信等公用设施的条件。

通用机场的选址应充分考虑下列因素的影响。

（1）空中禁区。不得在空中禁区内建设机场，在空中禁区邻近地区修建机场应考虑航空器闯入空中禁区的风险。

（2）飞行限制区。机场的飞行活动应充分考虑与飞行限制区的协调。

（3）军航使用空域。机场的飞行活动应充分考虑与军航使用空域的协调。

（4）气象条件。应充分考虑风场、降水、能见度等气象条件对飞行安全和机场利用率的影响。

（5）电磁环境复杂区域。应充分考虑空间电磁环境对机场通信导航活动的影响，同时亦应顾及航空活动所产生的电磁波对地面敏感设施的影响。

（6）鸟类栖息地及迁徙路径经由地。应充分考虑航空器鸟击风险并顾及飞行活动对鸟类生存环境的影响。

（7）航空障碍物。应充分考虑自然地势、地面建（构）筑物以及高压输电线路等航空障碍物的影响，以及由此带来的对机场利用率的影响。

（8）噪音敏感区域。应充分考虑航空活动区是否满足周边区域噪音控制指标的要求。

（9）地面易燃易爆设施。地面易燃易爆设施邻近地区修建的机场应充分考虑安全距离的需要或在飞行规则上加以适当协调。

（10）建设条件。应充分考虑地质不良地段、可能淹没地区、活动性断层区、矿区、环境及生态保护区、旅游景区和文物古迹保护区等因素的影响。

（11）土地利用。应符合相关土地利用政策法规的要求。如耕地、林地利用限制以及荒地、劣地的开发鼓励性政策。

（12）周边配套设施。应充分考虑周边是否有可供利用的道路、消防、救援、水源、能源、污物处理、通信等公共设施。

（13）机场规模及功能的扩展。如需在功能及规模上保留扩展空间的机场，应在选址阶段留有发展空间，

（14）邻近机场。应充分考虑到与周边机场在功能、使用限制等方面的相互影响及协调。

（15）其他不适合开展通用航空活动的因素。

3.机场建设用地及绿化

通用机场建设用地应贯彻国家有关建设、土地管理的法律、法规及有关规定，根据集中建设、集约用地的原则，正确处理建设用地与农业用地关系，切实做到科学、合理和节约用地。应根据机场的性质、功能、业务需求和飞行区（或飞行场地）等级等确定经济合理的机场规模和构型，以确定相应的机场用地规模。改建、扩建通用机场工程项目应充分利用机场原有用地，尽量减少新增土地面积。通用机场边坡用地规模应按新工艺、新技术进行合理确定，以节约土地。

通用机场用地包括飞行场地用地、服务保障设施用地、公用设施用地、交通用地、环境及其他用地。参考《运输机场总体规划规范》（MH/T 5002）中机场用地分类，将通用机场用地分为五类。

（1）通用机场飞行场地用地包括飞机起飞、着陆、滑行和停放使用所需的场地、空侧的空管、助航灯光、围界及交通用地，以及空侧的加油设施、消防设施、排水设施、边角地等。

（2）服务保障设施用地包括旅客业务用房、塔台、场务用房、机务用房、特种车库、机库、货运站、行政办公用房、生活服务用房、驻场单位用房、值班用房等用地。

（3）公用设施用地包括机场陆侧供水、供电、燃气、供热、制冷、供油和通信等设施用地，机场陆侧污水、再生水、垃圾处理设施、机场陆侧应急救援、防洪防涝等设施用地。

（4）交通用地包括场区内道路系统用地、停车设施等用地。

（5）环境及其他用地包括绿地及广场、机场陆侧的自然水系、排水沟渠、调蓄水池、雨水泵站、景观水体等用地、场外通导台站用地、边坡用地、未明确功能用地等。

通用机场绿化应符合净空障碍物限制要求，绿化植物应不利于鸟类生存和栖息，并不得妨碍塔台管制人员的视线。其他功能区绿化覆盖率应因地制宜，并执行通用机场所在地的城镇绿化覆盖率标准。

通用机场建设其他方面要求。

（1）通用机场所建设的各类设施的抗震类别应符合《建筑工程抗震设防分类标准》（GB 50223）中的有关规定。

（2）通用机场的规划建设运营期间，机场环境应符合国家和当地的环境保护要求，并与机场所在地区的环保规划相适应。

（3）通用机场周边新建建筑物应满足机场净空障碍物限制要求。

（4）通用机场周边地区应严格控制光污染和烟尘的产生，做好机场电磁环境保护。

4.建设程序

（1）通用机场工程的组成

依据《通用机场建设规范》，通用机场工程项目建设应遵循下列原则：

①保证飞行安全，满足必需的安全技术要求；

②合理配置运行设施，满足功能需要；

③建设规模及设施设备配置坚持合理、适用、客观实际原则，以降低工程造价和运营成本，为通用航空发展创造良好环境；

④科学规划，合理确定建设阶段，充分考虑发展空间。

总的来说，通用机场工程项目建设体现"安全、实用、经济，并满足可持续发展"的基本要求。

（2）通用机场工程的建设审批

通用机场的建设审批包括地址设计、建设实施、验收审批和日常使用四个阶段的审批。通用机场的建设审批涉及民航、军方及地方政府，其中民航地区管理局负责受理、批复通用机场的选址、建设与使用许可，地方政府方面主要涉及通用机场的选址审批与立项选址。

※ 学习记忆点：通用机场建设

1. 通用机场的建设应贯彻"统筹规划、分期建设、适度超前"的原则。

2. 通用机场的选址应充分考虑下列因素的影响：

（1）空中禁区；（2）飞行限制区；（3）军航使用空域；（4）气象条件；（5）电磁环境复杂区域；（6）鸟类栖息地及迁徙路径经由地；（7）航空障碍物；（8）噪音敏感区域；（9）地面易燃易爆设施；（10）建设条件；（11）土地利用；（12）周边配套设施；（13）机场规模及功能的扩展；（14）邻近机场；（15）其他不适合开展通用航空活动的因素。

5.3.3　通用机场运营与管理

1. 场址管理

新建通用机场，新增跑道、直升机最终进近和起飞区、水上起降区，应当由通用机场建设单位（以下简称建设单位）向所在地管理局提出场址审核申请，并提交场址报告。场址报告应当包括场址的基本情况、影响机场运行的相关因素和规划建设的主要内容。管理局对通用机场拟定场址是否满足航空器起降要求及是否对邻近机场产生影响出具审核意见。

管理局收到场址报告后，应当对 A1 级通用机场拟定场址进行现场踏勘，必要时可以对 A2 级和 B 类通用机场拟定场址进行现场踏勘，复核场址报告内容，并对场址报告提出补充要求。对于技术条件复杂的场址，管理局可委托技术服务机构对场址报告进行评审，并基于评审结论出具审核意见。管理局应当自收到符合要求的场址报告的20日内出具场址审核意见。现场踏勘、补充材料和委托评审所需时间不计算在规定期限内。

通用机场建设项目应当在管理局审核通过的场址位置实施，场址发生较大变化的应当重新提交场址审核申请。

2.命名、使用许可及备案

（1）通用机场的命名或更名应当符合《地名管理条例》及相关规定的要求：

命名名称应当以确定机场具体位置并区别于其他机场为准则，一般由行政区划专名，后缀机场专名组成。机场行政区划专名应当与所在地市、县或区行政区划名称相一致。机场专名应当使用机场所在地的乡（镇）、行政村名称，也可选择所在地的农、林、牧、渔、港等场名称。

通用机场的更名应当遵循下列要求。

①机场所在地更名的，应当变更机场行政区划名；

②有机场所在地经济发展需要、与当地人民群众风俗习惯相冲突、现有名称的谐音容易产生歧义等情况的，可以变更机场专名；

③变更后的名称应当符合上述通用机场命名要求。

（2）A类通用机场（直升机场除外）实行使用许可制度。A类通用机场（直升机场除外）取得使用许可证后方可开放使用。B类通用机场和直升机场实行备案管理。

A类通用机场（直升机场除外）应当由机场运营人按照规定向所在地管理局申请通用机场使用许可证，机场使用许可证除被依法撤销、注销、吊销外，长期有效。

（3）机场运营人应当通过信息系统申请使用许可或办理备案。

（4）许可及备案后的通用机场信息应当对社会公开，允许公众免费查询和使用，并接受社会监督。

3.运营管理

通用机场的安全运营管理由通用机场运营人负责。机场运营人是指对通用机场具有运营权的法人或自然人。

机场运营人对机场的运营实施统一管理，负责机场安全、运行、服务的组织和协调，并承担相应责任。

机场运营人应当与驻场单位签订有关机场运营的协议，明确各自的权利、责任和义务。

机场运营人应当与驻场单位建立信息共享机制，相互提供必要的生产运营信息。

机场运营人、相关驻场单位应当对从业人员进行必要的培训，确保从业人员具备相关的知识和技能。

A类通用机场内开展施工，机场运营人应当简要制定风险管控方案，确保航空器运行安全。B类通用机场内开展施工，机场运营人应当加强施工管理，有效管控施工风险，确保航空器运行安全。

A类通用机场运营人应当具备必要的机场应急救援能力。

A类通用机场运营人应当建立机场检查、维护等各项工作的记录制度，并严格执行。

工作记录应当建档保存，保存期限不少于两年。鼓励B类通用机场运营人建立机场检查、维护工作记录制度。

4.监督管理

中国民用航空局（以下简称民航局）和中国民用航空地区管理局（以下简称管理局）依职责对通用机场实施监督管理。民航局和管理局以下统称民航管理部门。

民航局对全国通用机场实施统一监督管理，包括以下。

（1）制定通用机场建设、许可、备案和监督等行业管理的规章和政策，并监督执行。

（2）统一颁发通用机场使用许可证。

（3）对全国通用机场运营情况进行监督管理。

（4）负责通用机场管理信息系统的建设和管理。

管理局负责辖区内通用机场的监督管理，包括以下。

（1）监督辖区通用机场建设情况，并负责新建、改扩建通用机场的场址审核和民航专业工程初步设计审查。

（2）监督辖区通用机场使用许可和备案工作，并受民航局委托负责辖区通用机场使用许可证的签发与日常管理。

（3）对辖区通用机场的命名实行管理。

（4）对辖区通用机场运营情况进行监督管理。

（5）民航局委托的其他事项。

※ 学习记忆点：通用机场运营与管理

通用机场的安全运营管理由通用机场运营人负责。机场运营人是指对通用机场具有运营权的法人或自然人。

中国民用航空局和中国民用航空地区管理局依职责对通用机场实施监督管理。

※ 课后习题

1. 按照最新的管理办法，我国的通用机场分为几大类？第一大类又分为几个小类？

2. 通用机场一般包含哪些基本设施？

3. 请列举通用机场飞行区有哪些部分组成？

4. 通用机场的审批一般经历哪几个阶段？

5. 通用机场的选址要考虑哪些因素？

第 6 章

通用航空
固定运营基地FBO

6.1　FBO概述

通用航空多种多样的飞行活动，需要以机场为中心的庞大的运行服务保障体系作为支撑，主要包括通用机场、固定运营基地（FBO）、飞行服务站（FSS）、维修站（MRO）。其中，FBO作为机场为通用航空提供飞机停靠、加油、航前航后检修维护的基地，是通用航空服务保障体系不可或缺的重要业务内容。FBO能够把通用航空器的空中服务和地面服务有效地衔接起来，给顾客以及机组人员提供专业的基础保障服务与其他延伸性服务。FBO的主要服务对象为私人飞机和公务机。

一方面，FBO包含综合设施及建筑；另一方面，FBO为通用航空飞行活动提供停机服务、飞机及乘客地面保障服务、加油服务、机组航务及签派服务、飞机航线及维修定检服务。作为通用航空服务保障体系的一个重要组成部分，FBO是通用航空发展的保障基础。

6.1.1　FBO的概念

FBO（Fixed Base Operator），一般称为固定运营商。随着通用航空的不断发展，FBO在理论上没有严格的定义界定。

美国联邦航空局（FAA）对FBO的定义是：由机场授权在机场经营的商业机构，提供诸多航空服务，如加燃油、机库、系停机位、飞机出租、飞机维修、飞行教练等。

国际航空运输协会（NATA）对FBO的界定提出了两个方面的要求：要与机场拥有者有一个较明确的租约；能提供至少两种主要的服务，这些服务包括外场服务、维修服务、飞机销售、包机和飞机出租、公务机服务等。

中国民用航空局运输司和中国航空运输协会通用航空委员会在出版的《2009中国通用航空发展报告》中对FBO做出定义：FBO专门从事小型通用公司及私人飞机的地面保障工作，类似于我国某些机场的地面代理公司，但其业务范围较广，包括加油、维修、销售或租赁以及航图或飞行资料的有偿提供等。

本书将其命名为"通用航空固定运营基地"，简称FBO。含义为：通用航空固定运营基地，一般坐落在机场内，为通用航空提供除空中交通管制之外的地面保障服务。

※ 学习记忆点：FBO的概念

"通用航空固定运营基地"，简称FBO。含义为：通用航空固定运营基地，一般坐落在机场内，为通用航空提供除空中交通管制之外的地面保障服务。

6.1.2 FBO的构成

FBO的构成有三部分：机位区、顾客区及工作区，图6-1为典型的FBO全景图。

图6-1 FBO全景图

1. 机位区

机位区是供基地航空器或过站航空器使用的航空器存放设施和场所。主要分为露天机坪机位、T形机棚机位与大型机库机位。

（1）露天机坪机位

①常规露天机坪机位。该种机位需严格保持飞机之间的净距，类似运输机的停放模式。机坪要设机位和滑行路线标志，飞机滑行和停泊遵循标志，飞机之间保持严格的净距标准。优点是飞机滑行、机位排布有序，安全性高；缺点是所需机坪面积较大，机位安排缺乏灵活性。见图6-2。

图6-2 露天常规机坪机位

②灵活露天机坪机位。该种机位的机坪不设标志线，飞机灵活滑行或停泊。优点是停放灵活、紧凑，机坪利用率高；缺点是安全程度低，监管难度大。见图6-3。

图6-3　灵活露天机坪机位

③T形露天机坪机位。该种机位是在停机坪上设置T形机位标志线，飞机须按照T形标志线停放。兼具紧凑、规律的优点。

④露天系留机位。该种机位配有很长的系留链锁，用S形挂钩连接飞机和地面。系留机位通常设置在机场离服务设施很近的地方。优点是使用方便，价格便宜；缺点是不适合规模大的FBO使用，安全程度低。见图6-4。

图6-4　露天系留机位

（2）T形机棚机位

T形机棚为联排的简易结构的机库，用于多架飞机的防护停放，机棚通常用金属板建造。由于造价较低、租金经济，T形机棚机位也是FBO常使用的一种模式。T形机棚有两种类型：嵌套式和标准式，见图6-5。嵌套式与标准式相比，嵌套式进深大而长度短，节省建筑材料，单位长度机棚的停机容量大，入位滑行长度较短。T形机棚机位与T形露天机位的区别仅在于：T形机棚机位有防护栅，如果不设防护栅，T形机棚即为T形露天机位。

图6-5 嵌套式T形机棚机位和标准式T形机棚机位

（3）大型机库机位

FBO运营的大型机库可以提供专业的机位服务，为飞机的短期停放、维修、包租和飞行训练等提供场所，在各种停放方式中，该方式服务最好、收费也最高。见图6-6。

图6-6 FBO的大型机库机位

2. 顾客区

顾客区供顾客使用，由接待区、飞行员准备室、公众休息区、等待长廊、教室、会议室、娱乐设施等组成。

公众休息区。休息区具有干净且现代化的休息设施，包括沐浴和更衣室等。图6-7为某FBO的公众休息区。

图6-7　FBO公众休息区

等待长廊。任何客运点都有人员等待服务。无论是航班旅行或公务飞行，人们都希望有一个舒适的等待区或长廊。

教室。业务范围广的FBO会提供私人飞行员执照培训、体验飞行等业务，需要一个干净且装备齐全的教室。

会议室。大型的公务机本身就是空中办公室，当飞机在飞行途中也可以开会。对于使用小型公务机的公司及顾客，FBO会议室提供了会议环境服务。见图6-8。

图6-8　FBO会议室

娱乐设施。在户外或户内安置娱乐设施，有助于吸引更多的客户。

3. 工作区

工作区由办公区、机务准备区、维修区、航材库、油库、清洗库、车辆存放区、员工沐浴区和储物室、公务机航站楼组成。

办公区。供 FBO 基地工作人员办公的区域，每个 FBO 都必须具备。

机务准备室。为机务人员提供准备工作及休息的场所。

维修区。指机务人员的工作空间，用于进行机务维修工作，以及与客户进行交流。

航材库。航材是指除航空器机体以外的航空器部件和原材料。为了保证维修业务，FBO 必须拥有自己的航材库。航材库的管理，需要精确记录航材使用及采购情况。

油库。FBO 根据其处于机场的位置选择油料卡车或者固定油库。

清洗库。清洗库用以清洗航空器，带有良好的排水设施。清洗库的尺寸取决于要清洗的航空器的大小。

车辆存放区。FBO 基地使用的大卡车、小汽车以及特种车辆存放区。

员工沐浴区和储物室。许多 FBO 都已建立该区，有助于拉近公司与员工之间的关系。

公务机航站楼。针对公务航空的 FBO 具有公务机航站楼。公务机航站楼是为公务旅客和机组提供休息、安全检查和办理边防、海关、检验检疫等手续的场所。在公务机航站楼，除实施旅客的基本业务流程外，还可为机组提供飞行业务支持（航图、自动气象观测和接收系统、飞行计划室）、旅客接送、旅酒店预订等服务。

※ 学习记忆点：FBO 的构成

FBO 的构成有三部分：机位区、顾客区及工作区。

6.1.3　FBO的类型

研究FBO的分类可以为我国和地方制定FBO布局和规划提供理论依据。目前世界范围内FBO的分类有以下几类（见图6-9）。

1. 按FBO投资规模划分

按照投资规模，可分为大型、中型、小型。

大型FBO，资产达上亿美元，一般坐落在吞吐量大的机场，有单独的运营基地，设施设备齐全，可维修单发航空器，以及多发公务机；中型FBO，资产达2000万至5000万美元，一般坐落在机场旁边，提供航空器销售、维修、燃油销售等业务；小型FBO，资产在1000万美元以内（主要靠资金流运作），提供的业务较少，抗风险能力较差。在世界范围内，大约三分之二的FBO都属于小型规模，运营小型FBO的人员通常是飞行员、维修人员、发动机改装技术人员等热爱航空事业的人。

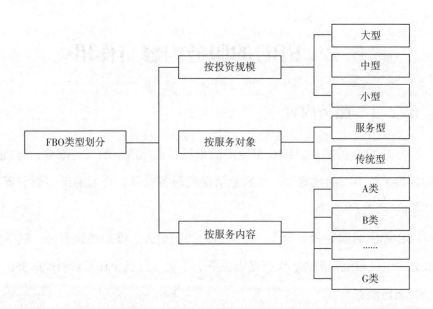

图6-9　FBO分类

2. 按 FBO 服务对象划分

按照服务对象可划分为公务型和传统型。公务型 FBO，投资规模较大，设施较为齐全，服务对象主要为公务航空和私人航空，提供业务种类比较全面；传统型 FBO，投资规模较小，设施相对简单，服务对象为传统通用航空作业的通用航空，提供加油、（航空器及其零部件）维修等基本服务。

3. 按业务内容划分

不同地区或机场会根据具体情况将 FBO 按业务分类，并对从事不同业务类型的 FBO 制定建设和人员设施配备最低标准。如奥兰多桑福德国际机场按照 FBO 从事的不同业务将 FBO 分为 A、B、C、D、E、F、G 类。A 类是指从事 FBO 所有业务的 FBO；B 类是指从事飞行服务和航空器租赁的 FBO；C 类是指从事航空器租赁和空中的士业务的 FBO；D 类是指从事航空器、发动机、螺旋桨和部件维修的 FBO；E 类是指从事新航空器销售的 FBO；F 类是指销售航空器仪器及零部件的 FBO；G 类是指从事航油销售的 FBO。

6.2　FBO的服务内容与作用

6.2.1　服务内容

服务是 FBO 的核心。FBO 最重要的市场是通用航空的飞行服务，包括燃油的零售、较小型的维修、一些紧急情况的服务以及为普通的民用航空器提供其他的飞行延伸服务。

FBO 提供的服务种类繁多，可归纳为飞行服务、维护维修服务、航空销售服务、包机与租赁服务、飞行培训服务、作业飞行服务和非营利性服务。

1. 飞行服务

飞行服务是 FBO 提供的最主要的服务，也是 FBO 的主要市场。这些服务包括提供燃油及滑油、为短暂停靠机场或以此机场为基地的航空器提供专门的机库用于航空器停放，以及其他服务。

（1）加油服务

加油服务是每个FBO提供的最普通服务，在民航领域有两种主要燃油：航空汽油（aviation gasoline，Avgas），用于活塞式发动机，它蒸发性能好、易燃、性质稳定、结晶点低和不腐蚀发动机零件；航空煤油（jet fuel），用于涡轮发动机，航空煤油比汽油具有更大的热值，价格低，使用安全。美国FBO的主流模式塑造于20世纪70年代，严重依赖于燃油销售，通过收取燃油加价弥补整个FBO运营成本并获取合理利润。

（2）航空器停场服务

FBO拥有供航空器停放使用的机库及设备，有些机库不仅对基地内航空器开放，也对经停的航空器开放，用户也可租用机库。FBO对提供停场服务的航空器同时提供基础保护和服务。

FBO通常也提供航空器降落后或起飞准备阶段的服务。这些服务包括航空器内部、外部的清理，低温天气的除冰与预热服务等。

（3）飞行计划申请

FBO为公务航空提供飞行计划申请服务，只要告知FBO目的地，就可申请航线。最近几年，随着地区性支线的增长，许多FBO与航空公司签订了服务合同，由FBO向支线航空公司提供相关服务，包括加油、航空器内外部的清理、小部件的维修、乘客行李的搬运、保护乘客及行李安全等。

2. 维护维修服务

（1）航空器维修

维修服务类是FBO的另一个基本服务业务，所有航空器都需要定期检修，并且民航相关法规规定，所有的维修工作必须由持有资格证书的人员按照相关详细标准程序进行，从而保证航空器的适航性。

在我国，能够检修航空器的机构有两种：一种是 CCAR-145 部许可的维修单位；另一种是拥有按 CCAR-65 部颁发机体和动力装置维修执照的工程师企业。因此，FBO 要从事航空器维修业务需要取得相应的许可。

（2）航空器内饰安装及改装

航空器内饰安装及改装是 FBO 市场领域的主要部分。航空器制造厂商交付新航空器，由于有的航空器制造厂没有专业设备用于设计、安装航空内部的一些设施，所以这部分工作通常也交给 FBO 来做。一个航空器完整的安装工作包括航空器座舱的设计、航空电子设备及其他系统的安装、乘客座椅设施的设计及安装以及航空器外部的喷漆等。这些工作也可以满足那些私人航空器所有者用于更新及改装航空器的需求。在美国，所有这些服务都必须遵从航空器制造商的详细说明书和美国联邦航空局（FAA）的补充规定，用于这些过程的化学物质必须严格遵守环保、健康、安全的相关法规。

（3）航材销售

FBO 销售的航材包括发动机零部件、航空器结构零件、疲劳耗损件、航空电子元件以及各种各样的配件。在美国，所有这些航材都必须遵从 FAA 严格的标准管理，拥有航材跟踪记录、贮存、销售及安装的标准，从而保证航材的安全性。

3. 航空销售服务

某些 FBO 作为销售商或代理商，参与新航空器和二手航空器的销售。作为代理商的 FBO 通常都具有专业的授权资格证书进行航空销售，他们不拥有这些航空器资产，航空器卖家支付给代理商部分金额。此外，一些较大的 FBO 也为购买者提供资金服务，与购买者签订分期付款合同。

4. 包机与租赁服务

FBO 将航空器用作短期租赁业务。通常租赁的航空器大部分是单发活塞式发动机航空器，从简单的双座教练机到较大的螺旋桨飞机，也有少部分多发航空器。租赁航空器需要签署租赁合同，检查飞行员的资格证书。租赁前，FBO 需要对航空器进行检查，对飞行员和租赁者的安全飞行能力做出评估。通常航空器可按照小时、天、星期或者固定的周期来租赁。

FBO 也可提供较完整的包租航空器业务。包括个人航空器的包租、货物运输、紧急医疗救助以及观光旅游。这类航空器机型种类较多，包括单发活塞式航空器、涡轮式航空器等。

许多大型 FBO 会为商务客户提供完整的公务航空相关服务。在此类服务合同中，FBO 或者商务客户提供航空器，FBO 提供飞行、维修和管理人员，这些专业人员负责航空器的运营、维修以及其他管理事务。商务客户可以从运营民用航空器的压力下解脱出来，不必处理诸多的相关事务。

5. 飞行培训服务

很多 FBO 开展飞行培训业务，包括新飞行员训练和老飞行员复训。有些FBO 实质就是一个飞行学校，而有些则仅是其众多业务种类的一项。为了避免与大型枢纽机场的定期航班运输活动产生冲突，开展飞行培训业务的 FBO大多选址于无定期航班机场或较小的机场附近。

6. 作业飞行服务

一些 FBO 可提供其他特殊商业或私人服务，包括航空广告、航空摄影、农林防虫灭虫、管道巡线、电力巡线以及野生动物保护等，也就是通常所说的通用航空作业领域。航空作业飞行服务种类繁多，每种飞行服务要求专业化程度较高，因此一些 FBO 仅选择其中一个或两个市场，并且使其所经营的市场专业化，形成核心竞争力。

7. 非营利性服务

为了提高客户满意度，让客户在 FBO 逗留期间感到舒适，FBO 会为客户提供更优越的环境，以及一些固定的非营利性服务。这些服务通常没有标准的要求，根据地理位置、市场以及客户需求的不同，提供的服务也多种多样。例如，提供休息室、会议室、复印机、无线网络以及娱乐设施等。

6.2.2 FBO的服务流程

FBO 提供多种多样的服务，各服务流程大体相同，但也有些差别，通常 FBO 提供的流程有以下这些。

客户通过网上预约或飞行中通过电话或无线电话的形式通知 FBO，告知 FBO 需要提供的服务内容。

FBO 员工得到 FBO 办公室的指示，接受来自客户的服务请求（如加油、购买商品、地面交通、住宿、会议等）。

根据服务请求，FBO 员工向客户提供各种服务，如机坪服务、机组人员休息、接送旅客、提供航行信息等。

通过远程输入装置，FBO 员工与 FBO 办公室主机和数据库进行通信，获得有关服务的价格、税费和折扣信息等。这期间，客户也可以提出新的服务需求。

根据授权和许可，FBO 员工可直接或通过与 FBO 主机通信方式接受用户的服务费用支付。

客户获得需要服务后，离开 FBO 并对 FBO 进行服务评价。

6.2.3 FBO的作用

通用航空是民用航空运输体系"两翼"中的"一翼"，作为交通运输重要组成部分的通用航空业，是支撑国民经济和社会发展的重要基础性、先导性行业之一，具有极大的经济效益和社会效益。FBO作为通用航空的基础组成部分，在通用航空发展过程中发挥着巨大的作用。

1. 完善通用航空服务保障体系

完善的通用航空服务保障体系包括通用机场、FBO、FSS、MRO。其中，FBO、FSS及MRO都是在通用机场上建立运营的，FBO是服务保障体系的主要构成要素，加快发展FBO有助于通用航空服务保障体系的完善，从而促进通用航空的发展。

2. 提高通用航空作业飞行效率

FBO提供的航油供应、维修保养服务有助于提升通用航空器航空作业效率。FBO运营网络的建立，为跨区域的通航作业提供了无缝连接的服务。

3. 满足公务航空及私人航空的市场需求

公务航空的发展带来了FBO服务的变革。服务于公务航空的FBO，在公务航空迅速发展的过程中获取了丰厚的利润。公务航空客户更加注重效率与服务。FBO的发展与公务航空及私人航空的发展是相辅相成的，FBO是基础保障，公务航空及私人航空是市场需求。

※ 学习记忆点：FBO的作用

（1）完善通用航空服务保障体系；（2）提高通用航空作业飞行效率；（3）满足公务航空及私人航空的市场需求。

6.3　FBO的起源与发展

6.3.1　FBO的起源

1. 萌芽阶段

FBO起源于美国，1918年第一次世界大战结束后，战时众多的军队专业飞行人员转入民间。当时美国未对大部分航空活动加以管制，因此这些人员利用从部队退役下来的航空器从事空中飞行、表演或兼顾一些空中短途运输。他们在各类机场飞行，有时甚至降落在城镇周边的农田。支持这些飞行队的机务人员和飞行教练便沿预定路线开车跟随飞行机动，以便为可能在任何地方停留的飞机提供服务。这些人员居无定所，只有临时的设备、昏暗的维修间、简易的燃油泵和脏乱的停机位，这就是FBO的雏形。

2. 初创阶段

1926年，美国联邦政府出台了《商业航空法》，提出了对航空业的安全管制。该法规还要求飞行员必须具备飞行员执照和航空器维修执照，飞行培训必须达到相关标准等。这一法规的推行，结束了通用航空的游动性质，为其服务的FBO也开始稳定下来。1926年，美国建立了第一个FBO，位于机场附近。

3. 发展阶段

随着1958年美国《联邦航空条例》通过，美国通用航空开始迅速发展。20世纪70年代末80年代初达到了最兴旺的时期，FBO网点总共有12000多个。20世纪80年代早期到90年代中期，FBO产业经历变故，从10000个下降到5000多个。此阶段三分之二的FBO是小型规模的，服务对象是通用航空和私人娱乐飞行，服务要求较低。

4. 成熟阶段

20世纪90年代中后期，美国经济恢复了蓬勃发展，FBO 重新崛起，经过数十年的激烈竞争和兼并后，FBO 的规模越来越大，形成集团式连锁经营占主导地位的格局。FBO 的服务项目也越来越广，逐渐向高端的公务航空提供服务。随着服务对象的高端化、普及化，FBO 开始呈现出经营模式连锁化、服务方式多样化、业务范围多元化、维修服务专业化的趋势。FBO 建设标准、运营标准、服务流程逐步形成。

6.3.2 FBO的发展

1. 国外 FBO 发展

（1）FBO 发展模式

美国的通用航空发展相当成熟，完善的 FBO 服务保障体系为其提供了坚实的基础。在美国，一般大型机场均拥有1~2个公务机基地，在有一定业务量的通用机场，几乎全部都有 FBO 为通用航空运营提供至关重要的服务。截至2018年，美国在业 FBO 有3500家。

（2）FBO 发展特点

①经营模式连锁化。随着 FBO 产业的日益成熟，竞争也越来越激烈，于是加速了 FBO 间的兼并，市场中集团化连锁式经营占了主角，大型连锁运营商纷纷涌现。连锁化经营可以降低 FBO 运营成本，提供标准化服务，使公务旅客享受便捷、高档和始终如一的服务。

②业务范围多元化。除日常业务，还开展包括飞机加油、飞机租赁、飞行训练等衍生业务。

③服务种类多样化。欧美地区各主要城市机场均设有 FBO 服务点，FBO运营成熟，已经是公务航空不可或缺的配套设施。各个 FBO 纷纷加强飞机、

发动机和机载设备的维修能力，建立内部交通机构，帮助客户转乘商用航线飞机、代订酒店、代发邮件、安排旅游、安排地面交通。

④建设运营法规化。美国有一套FBO从建设到运营的完善的标准法规体系。

⑤维修服务专业化。一般的FBO仅提供简单的航线维护，即对通用航空的业务保障和日常维护。对于发动机维修、飞机大修等维修服务，必须依靠专业化的维修商MRO。FBO与MRO之间的长期合同占FBO收入的50%以上。

2. 我国FBO发展

（1）发展现状

目前我国FBO主要以服务公务机为主，发展现状呈现以下几个特点。

① FBO数量较少，提供的服务内容有限，处于发展期。截至2020年，我国FBO数量不足20家。

② FBO成立起点高，服务对象重点是高端客户。不同于国外FBO由私人航空服务起步逐渐递进，我国FBO从一开始便瞄准对时效性、舒适性等要求极高的公务旅客群体。

③ FBO专业人员不足。我国FBO整体数量少，发展缓慢，经验丰富的专业人员少，高素质的专业人员缺口较大。

④ FBO使用成本高。我国FBO多数位于大型机场附近，公务机起降受机场影响较多，支付成本较高。

（2）存在问题

①基础设施资源紧张

国内现有FBO（如首都机场FBO）硬件设施和公务机库、停机坪已在高负荷运转，在高峰时段只能启用距候机楼有相当距离的远机坪，影响了客户体验。

②维修能力普遍不足

当前的FBO中，除个别外，大部分维修能力不足，资质不够，如需对公务机进行较为复杂的维护和检修，还需要通过代理或转移至其他维修站。

③FBO服务一体化程度受限

受到相关政策法规的影响，FBO服务一体化程度受限，一些并不复杂的飞机维护与航行签派工作需要分包给很多家企业，严重影响了服务效率。

④缺乏标准化地面服务体系

目前FBO的地面服务大多嫁接在机场地服公司或贵宾厅上面，不熟悉公务航空保障特点，缺乏保障经验和专业化流程。FBO的服务套用贵宾服务标准，与机坪、驻场单位分别保障，独立服务，无法形成一站式、无缝隙服务。FBO要有五星级酒店的服务意识，让客人有宾至如归的感觉。但是国内部分FBO做得还远远不够，很多会让人觉得和普通候机楼无异。

⑤缺乏市场开拓力

缺少增值服务及产业链延伸拓展能力。缺少专业营销团队，导致部分市场空间被公务航班代理公司占据，寄生于业务链，分享利益。

3. FBO发展趋势

通过对FBO发展状况分析，FBO未来发展趋势有以下几个方面。

（1）FBO会兼顾部分FSS、MRO业务。FBO维修业务将更加深入，由简单的航前航后维护向定检、改装、大修发展。飞行计划申请也将是FBO的基本义务之一。

（2）部分FBO将变成以提供飞行服务为主的商务中心，他们为客户提供会议室、视频会议设备、电子邮件、传真服务、声音邮件以及其他服务，这些将更加方便地满足用户的需求。

（3）部分FBO将成为连锁酒店的合作伙伴，许多美国顶级酒店就坐落在机场附近。由于 FBO 基地设在机场，通常公务航空旅客从 FBO 进出机场，使得连锁酒店为旅客提供休闲娱乐服务，从而获得更大的收益。

（4）FBO 行业将进一步合并。通过组合，未来会出现较大的 FBO 连锁，FBO 的品牌化也将不断增加。

（5）政府将更注重 FBO 的发展。政府将意识到发展 FBO 会带来更多的就业机会，并促进整个通用航空产业链的发展。

6.4　FBO的成本、选址与运营管理

6.4.1　FBO成本与收入

1. FBO 的成本

FBO 的成本可以划分为以下三类。

（1）劳动成本：员工工资及福利、保险金等。

（2）资本费用：包括利息和折旧。

（3）运营成本：包括航空器维修、航材、购入的服务（水、电）、设备、辅料、维护保养费、管理费及其他运营费用。

FBO 具体成本包括：土地使用租赁费，固定成本（主要包括 FBO 专用航站楼、机库、停机坪等相关配套设施建设费用以及运营车辆设备的购置费用），折旧费（主要包括 FBO 航站楼、机库、机坪和工程综合配套折旧费以及车辆设备等的折旧费），日常运营费用，人工成本（主要包括员工工资及福利），专营费（按营业收入的一定百分比计提营业税），附加费，其他成本。

2. FBO 的收入

FBO 通过其提供的飞行、地面保障等服务项目取得其主要收入。具体来

说，FBO收入主要来自为飞机、飞行员、旅客提供的服务，很多方面与机场相似。

（1）航空性收费项目，主要是飞机起降费、停场费，旅客服务费，飞机的加油、机务保障、航路代理、地面代理、机库使用费，飞机维修、托管费，飞机销售、安检与海关服务等费用。

（2）非航空性收入，主要来源于与飞机无关的商业性活动，主要包括出售商品（航空太阳镜、皮夹克等）、办公设施出租和地面汽车、住宿、出行等服务费及其他许可性收入。

美国FBO以油费为主要收入来源，各FBO对油价有一定的定价自主权，但不同地区与不同经济发展程度，油费价格差巨大。2018年11月，全美FBO所提供的100LL航空汽油价格从每加仑3.55美元到9.07美元不等，Jet A航空煤油价格从每加仑2.87美元到9.32美元不等，普通汽油价格从每加仑2.85美元到8美元不等。不同FBO同一品种燃油价格差甚至达到3倍之多。

在依靠油费获得最大收入的前提下，美国FBO对于其他相关的飞行服务，如起降、停场等不再收取额外费用，也不提供过多人工服务。因此在美国的一些FBO，甚至可以看到一家人驾驶小型飞机降落停场，信用卡支付自助加油，在休息室简单用餐、休息后，自己推出飞机再次起飞的情景。

※ 学习记忆点：美国FBO主要收入来源

> 美国FBO以油费为主要收入来源。

在除美国外的其他地区，FBO大都不享有油料定价权，因此很难将油费收入作为FBO主要收入来源。欧洲FBO收入和我国FBO的收入模式相似，主要以地面进出港、休息、地面保障服务项目为主。

6.4.2　FBO选址布局

FBO 所在的航空体系可分为四个层次：第一层次为国家和国际机场体系；第二层次为机场周边环境；第三层次为机场自身设施；第四层次为 FBO 自身的设施。FBO 作为一个系统的组成部分，受这四个不同层次的影响。FBO 的规划、建设、管理与发展等问题都在与这四个层次相互作用过程中发生。FBO 的建设要考虑选址、建设、运营及管理问题，本节在充分借鉴国外有关 FBO 的建设及经营管理经验基础上，结合我国自身所处的市场环境、政策环境，提出建设中国自己的 FBO。

1. FBO 选址考虑的要素

从宏观角度来说，FBO 选址应考虑的因素包括国家机场体系的规划和建立、选址所在区域的经济、社会的发展水平等情况。从微观角度来讲，主要考虑因素有以下几方面。

（1）市场因素

FBO 为公务机、私人飞机等通用航空器服务，因此按照市场导向，FBO 一般选在公务飞行、私人飞行较多的机场附近。对于企业来说，这些飞机的飞行量应达到一定的程度，这样才能保证 FBO 的正常运营。

中国 FBO 的建设应该考虑所在机场本身的发展规划、机场通用航空需求量及其周边的经济发展等。只有机场自身的公务航空、私人航空、通用航空作业活动较多，FBO 才会有足够的发展空间，同时随着机场周边经济的发展，通用航空不断增长的需求也会滋生机场对 FBO 的需求。

（2）地理因素

FBO 建设要考虑与机场其他设施布局之间的关系，应选在内外交通比较便利，陆侧提供登机、维修等服务比较方便，同时又靠近飞机起降的区域，有利于飞机的进出港。

（3）服务因素

FBO选址要满足飞机飞行的要求，要有利于各种服务的提供，讲究高效、高质量地完成各种服务。一般按照最优服务、最近服务、最短时间的原则选择服务地点。FBO选址还受机场本身的规划、土地等资源因素的影响。

※ 学习记忆点：FBO选址考虑的因素

> 市场因素、地理因素、服务因素。

2. FBO选址和规划选择

以公务FBO为例，机场公务航空设施是在具有一定规模的运输机场中进行规划选址的。为了使公务设施能够较好地发挥功能和开展业务，同时又不对机场定期航班的运输保障造成影响，必须在公务设施规划和选址中遵循以下原则。

场区能容纳航站楼、机库、机坪位和维修、保障设施。具有相对的独立性，能满足安全、灵活、快捷和高效运行的特点。

场区尽可能接近跑道端，以便接纳公务机，减少滑行距离，快速接近和脱离跑道。

停机坪与公共机坪既可相互沟通，又相互独立，便于地面运行、保障和安保。

FBO建筑设计应通透简洁、美观大方、节能环保，形成舒适的环境氛围。

陆侧交通便利，便于客户交通工具快速进出。

容量设计适当超前，各节点容量平衡。

场区具有良好的可扩建性、发展适应性和功能衔接性。

航站楼、机库相毗邻，并进行通透隔断。

FBO 的功能区布局和设备设施配备应让具有资质的规划建设设计单位详细设计。

6.4.3　FBO运营管理

1. FBO 所有权形式

从 FBO 的投资建设角度来看，FBO 的所有权形式有以下几种。

（1）机场当局自有形式

由机场建设的 FBO 其所有权归机场所有。机场自行管理或委托第三方专业 FBO 运营商进行管理，机场收取相关服务费用，目的是让更专业的 FBO 组织进行服务与运营。

（2）私有形式

FBO 由私人全部投资，完全归私有集团或个人所有。为通用航空服务的 FBO 由私有集团或个人投资建设，所有权属于他们。

（3）共有和私有的混合形式

FBO 的建设由机场和私人集团或 FBO 运营商共同筹建成立，机场和私人集团或 FBO 运营商通过不同的方式出资，然后按出资比例分配所有权，双方通过协商确立运营方式。一般来说，机场和 FBO 运营商合作建立这种形式的 FBO 较多，可以利用双方的优势。

※ 学习记忆点：FBO所有权形式

机场当局自有形式、私有形式、共有和私有的混合形式。

2. FBO 运营管理模式

FBO 建成后的关键在于经营管理，即如何通过整合内部资源、技术、人员等要素提供有效服务，并最终实现经营目标。根据 FBO 投资所有权和经营权的不同，将 FBO 运营管理模式分为自我管理模式、委托管理模式、特许经营模式及合资模式。

（1）自我管理模式

自我管理模式指 FBO 企业自身投资建设 FBO 的设施、设备等，并进行运营管理。自我管理模式中所有权与经营权没有分离，能激励投资者为实现企业目标而努力；劣势是由于 FBO 的经营项目具有一定的专业性，投资者需独自承担风险。

（2）委托管理模式

委托管理模式主要是将资产或资源的日常经营管理业务委托给专业的管理公司，通过引入先进的管理经验、理念，扩展市场，提高管理效率和效益。委托管理模式的优势是利用外部最优的专业化资源，降低成本、提高效率，提高核心竞争力；劣势是缺乏对经营管理过程的参与，缺乏股权收益激励和经营绩效的制约，存在道德风险。因此，机场当局需要加强对业务经营的监督并建立对服务水平、盈利水平的奖惩机制。

（3）特许经营模式

特许经营模式是通过出让一段期限的资源经营权获得收益的方式，出让方式可以通过招标的形式，让多家单位参与竞争。在一定资质的要求下，由提供最合理报价的企业取得特许经营权。采用特许经营权模式，特许经营者承担了大部分的经营风险，机场则可以明确对机场资源的管理权、收益权，特许经营的收费可以采取同时收取租金和专营权费用、固定费用加浮动租金等方式。

（4）合资模式

合资模式是指双方或多方为了实现共同的利益目标，利用对方的长处及有利条件，各方提供技术、资金及市场，组成利益共同体，互相合作，共同管理，共负盈亏，从事经营活动，以赚取利润。

※ 学习记忆点：FBO运营管理模式

自我管理模式、委托管理模式、特许经营模式、合资模式。

6.4.4　FBO与机场和航空公司的区别

1. FBO 与机场的区别

FBO 与机场在业务领域有重叠，但是又存在显著差异。

（1）资质认证审批上的差异

FBO 一般建在机场内，是机场的特需经营商，而非机场的股东或发起人。在一些小型机场，尽管 FBO 是机场的运营人，但通常不是机场的发起人或所有者。FBO 除一些特定领域，如机务维修和飞行培训等，需要认证审批才能开展外，不需要 FBO 整体认证。而机场，尤其是运输机场，则需要民航的认证审批许可后方可投入使用和运行。

（2）服务对象和业务领域的差异

机场面向"大众"提供基本航空服务，服务对象主要为从事客货运的航空公司及运送的客货，因此基础设施（跑道、航站楼、货运设施）维护与扩建、安全保障、空管服务、地面指挥、机务维修、应急救援等都是机场的业务领域。而 FBO 的服务对象则相对"小众"：从只能乘坐一两人；从最快时速60多公里的轻型飞机，到可以搭载几十人的商务喷气机，FBO 一视同仁提供服务。

2. FBO 与航空公司的区别

FBO 与航空公司的区别在服务对象和盈利方式上。

（1）服务对象和服务内容的差异

航空公司主要服务对象为乘客和货主，服务内容主要为运输服务。而 FBO 的主要服务对象为通用航空器及潜在购买者和使用者，服务内容主要围绕航空器的使用及其产生的衍生需求，如加油、维修、部件销售、乘客与货物过站与转运等。

（2）商业模式的差异

航空公司的经营所得主要来源于舱位销售，而 FBO 则通过提供通用航空器代购和使用服务而获得收入。例如，为通用航空器提供燃油，获取差价收入；为通用航空器提供维修服务，获取服务收入和飞机部件差价收入；提供飞机租赁或空中的士服务，获得运营收入等。

※　课后习题

1. FBO 的中文名称是什么？其主要含义是什么？

2. FBO 可以提供哪些服务？

3. FBO 主要有哪三部分构成？

4. FBO 的作用有哪些？

5. 判断题：美国 FBO 主要收入来源是油费。（　　　）

通用航空器适航与维修

7.1 适航性

7.1.1 通用航空器适航性及基本要求

1. 适航的概念与类别

适航（airworthiness）也称为适航性，是航空器能在预期环境中安全飞行（包括起飞和着陆）的固有品质，是保证航空安全的最基本条件。适航分为初始适航和持续适航两部分。

初始适航是指在航空器交付使用前，适航部门依据各类适航标准和规范，对航空器的设计和制造所进行的型号合格审定和生产许可审定，以确保航空器和航空器部件的设计、制造是按照适航部门的规定进行的。

持续适航是指民用航空产品持续保持已经具备的符合适航性要求的安全水平，涉及确保航空器在整个使用寿命内的任何时候都符合有效的适航要求并处于安全运行状况的所有工作过程。

※ **学习记忆点：适航分为哪两部分**

适航分为初始适航和持续适航两部分。

2. 航空器持续适航管理

为确保航空器在使用和维修过程中符合适航要求，始终处于安全运行状态，需对通用航空器进行持续适航管理。即在使用或维修中，如果需要维修或更换零部件，维修或更换的零部件应当满足适航要求，或零件的设计和制造已经得到批准。因此，可以说，维修本身就是确保航空器适航的手段。

航空器在使用过程中应与批准的型号设计保持一致。强制性的检查和改装等工作，通常由适航指令（airworthiness directive，AD）颁发。在完成强制性工作过程中，要特别注意重复检查项目以及实施项目的完全性。

任何改装、修理以及任何部件、零件、设备或材料的更换，都要按照批准的方法、设计要求以及规定程序和维修方案进行，必须遵守航空器零部件制造人批准书（Parts Manufacturer Approval，PMA）和技术标准规定项目批准书（Chinese Technical Standard Order Authorization，CTSOA）中的相关要求，并按规定间隔完成审定维修要求（CMR）和适航性限制（AWL）。

如果放行的航空器上有丢失的结构件或口盖，则应按照外形缺损清单的规定使用航空器；如果放行的航空器上有未经修理的小损伤，则这些损伤必须在结构修理手册所规定的范围之内；如果放行的航空器上有不工作的系统、部件和设备，则必须符合批准的最低设备清单。

持续适航工作处于航空器设计国和航空器注册国民用航空的控制之下，具体工作内容如下。

（1）设计准则。该设计准则为检查工作提供必要的可达性，并使得为实施维修工作而制定的工艺和措施能得以使用。

（2）由负责型号设计的机构将维修航空器所需的规范、方法、程序和任务以及这些信息的出版物转化为能便于被营运人采用的一定格式而做的准备工作。

（3）营运人使用由负责型号设计的机构提供的信息，对规范、方法、程序和任务加以采用，并将这些资料制订成适合其营运的维修方案。

（4）根据登记国的要求，营运人就缺陷和其他重大维修和使用信息向负责型号设计的机构报告。

（5）由负责型号设计的机构、设计国和登记国对缺陷、事故和维修及使用信息的分析、信息的建立和传递，以及根据分析结果而采取的推荐或强制性的措施。

（6）对根据负责型号设计的机构或设计国提供的信息所采取的被营运人或登记国认为合适的措施的考虑。特别着重于被指定为"强制性"措施的考虑。

（7）营运人完成的对特别是具有疲劳寿命限制的航空器的强制要求和合格审定程序所要求的或随后发现对于保证机构完整性是必要的任何特殊测试或检查。

（8）制定并符合补充结构检查大纲和其后有关老龄航空器的要求。

3. 通用航空器适航性基本要求

适航性首先体现的是技术要求，包括系统安全性与物理完整性等要求。其次体现的是管理方面的要求，包括技术状态管理与过程控制管理等。同其他民用航空器一样，通用航空器保持适航性也具有如下特点。

（1）适航性以在航空器实际飞行中所应具有的安全性为归宿。

（2）作为航空器固有的属性，适航性是通过航空器全寿命周期内的设计、制造、实验、使用、维护和管理的各个环节来实现和保持的。

（3）适航性是航空器中每一涉及安全的部件和子系统，以及整体性能和操作特点的安全品质的综合反映。

（4）强调了适航性是以预期运行环境的航空器使用限制为界定条件的。

（5）包括持续运行的动态因素。

（6）适航也包括维修和使用等。

除上述共同点之外，通用航空器与航线航空器适航还存在一定差异，主要表现为各种类型航空器的适航要求有专门的规章和/或规范性文件（表7-1）。

表7-1 各类通用航空器的适航要求

通用航空器/ 零部件类别	相关规章/规范性 文件编号	相关规章/规范性文件名称
民用航空产品和零部件	CCAR-21-R4	《民用航空产品和零部件合格审定规定》
正常类、实用类、特技类和通勤类飞机	CCAR-23-R3	《正常类、实用类、特技类和通勤类飞机适航规定》
运输类飞机	CCAR-25-R4和 CCAR-26	《运输类飞机适航标准》和 《运输类飞机的持续适航和安全改进规定》
正常类旋翼航空器	CCAR-27-R1	《正常类旋翼航空器适航审定》
运输类旋翼航空器	CCAR-29-R1	《运输类旋翼航空器适航审定》
载人自由气球	CCAR-31	《载人自由气球适航规定》
航空发动机	CCAR-33-R2	《航空发动机适航规定》
涡轮发动机飞机燃油排泄和排气排出物	CCAR-34	《涡轮发动机飞机燃油排泄和排气排出物规定》
螺旋桨	CCAR-35	《螺旋桨适航标准》
噪声	CCAR-36-R2	《航空器型号和适航合格审定噪声规定》
民用航空材料、零部件和机载设备	CCAR-37AA	《民用航空材料、零部件和机载设备技术标准规定》
特殊类型航空器（初级类、限用类、轻型运动类）	CCAR-21-R4第24、25、26及29款	特殊类型航空器适航证的规定
业余自制航空器	无	无
组装航空器	无	无

7.1.2 通用航空适航

1. 适航管理

通用航空器的适航管理，是根据国家的有关规定，对通用航空器的设计、生产、使用和维修，实施以确保飞行安全为目的的技术鉴定和监督。在中华人民共和国境内从事通用航空器（含航空发动机和螺旋桨）的设计、生产、使用和维修的单位或者个人，向中华人民共和国出口通用航空器的单位或者个人，以及在中华人民共和国境外维修在中华人民共和国注册登记的通用航空器的单位或者个人，均须遵守《中华人民共和国民用航空器适航管理条例》，执行规定的适航标准和程序。

2. 通用航空器的适航管理机构

通用航空器的适航管理由中国民用航空局负责。民用航空器必须具有民航局颁发的适航证，方可飞行。

3. 通用航空器的适航管理程序

任何单位或者个人设计通用航空器，应当向民航局申请型号合格证。民航局按照规定进行型号合格审定；审定合格的，颁发型号合格证。

任何单位或者个人生产通用航空器，应当具有必要的生产能力，并应当持型号合格证向民航局申请生产许可证。民航局接受生产许可证申请后，按照规定进行生产许可审定；审定合格的，颁发生产许可证，并按照规定颁发适航证。未取得生产许可证，但因特殊需要，申请生产民用航空器的，须经民航局批准。生产的民用航空器，须经民航局逐一审查合格后，颁发适航证。

4. 适航证

民航局颁发的适航证记载该通用航空器所适用的活动类别、证书的有效期限及安全所需的其他条件和限制。

持有民用航空器生产许可证的单位生产的通用航空器，经国务院有关主管部门批准需要出口时，由民航局签发出口适航证。

任何单位或者个人的民用航空器取得适航证以后，必须按照民航局的有关规定和适航指令，使用和维修民用航空器，保证其始终处于持续适航状态。

加装或者改装已取得适航证的民用航空器，须经民航局批准，涉及的重要部件、附件必须经民航局审定。

我国任何单位或者个人租用的外国民用航空器，必须经民航局对其原登记国颁发的适航证审查认可或者另行发适航证后，方可飞行。

5. 国籍登记证

在我国境内飞行的通用航空器必须具有国籍登记证。在中华人民共和国注册登记的民用航空器，具有中华人民共和国国籍，国籍登记证由民航局颁发。民用航空器取得国籍登记证后，必须按照规定在该民用航空器的外表标明国籍登记识别标志。

中华人民共和国的任何单位或者个人进口外国生产的任何型号的通用航空器，如系首次进口并用于民用航空活动时，出口民用航空器的单位或者个人必须向民航局申请型号审查。民航局接受申请后，按照规定对该型号航空器进行型号审；审查合格的，颁发准予进口的型号认可证书。

7.1.3　通用航空器适航审定规定

1. 正常类飞机适航规定（CCAR-23-R4）

（1）概述

作为小型飞机的适航标准，CCAR-23部于1986年12月31日发布。1990年7月18日，做了第一次修订；1993年12月23日，进行了第二次修订；CCAR-23-R3版本是于2004年10月12日发布的第三次修订版，该次修订以美国联邦航空条例第23部（FAR 23）第43到55号修正案（Amdt.23-43~Amdt.23-35）为蓝本进行。2022年5月31日发布的《正常类飞机适航规定》（CCAR-23-R4）

自2022年8月1日起施行，原《正常类、实用类、特技类和通勤类飞机适航规定》(CCAR-23-R3)同时废止。《正常类飞机适航规定》以原《正常类、实用类、特技类和通勤类飞机适航规定》(CCAR-23-R3)为基础制定，对CCAR-23进行重组，将23部飞机统称为正常类，不再按照正常类、实用类、特技类和通勤类进行划分，同时将规章名称修订为《正常类飞机适航规定》。同时，还专门增加了H章"电动飞机动力装置补充要求"，对电动飞机的电推进系统、电池和配电系统、电池和电动力系统防火等增加了补充要求。

（2）适用范围和飞机类别

根据此次颁布的《正常类飞机适航规定》(CCAR-23-R4)，正常类飞机审定如下。

①乘客座位设置为19座（局方另有规定除外）或者以下且最大审定起飞重量为8618千克（19000磅）或者以下的飞机，可按正常类进行审定。

②按设置的最大乘客座位数，将飞机分为如下审定等级：

1级：最大乘客座位设置为0至1座的飞机；

2级：最大乘客座位设置为2至6座的飞机；

3级：最大乘客座位设置为7至9座的飞机；

4级：最大乘客座位设置为10至19座（局方另有规定除外）的飞机。

③按飞行速度，将飞机分为如下性能等级：

低速：V_{NO} 和 V_{MO} ≤463千米/小时（250节）校准空速（CAS）且M_{MO}≤0.6的飞机；

高速：V_{NO} 或者 V_{MO} ＞463千米/小时（250节）校准空速（CAS）或者M_{MO}＞0.6的飞机。

其中，V_{NO}为最大结构巡航速度，V_{MO}和M_{MO}分别为空速和马赫数表示的最大使用限制速度。

④按本规定审定的飞机，可申请进行特技飞行审定。按特技飞行审定的飞

机，可不受限制地用于做机动，但按本规定 G 章制定的限制除外。未按特技飞行审定的飞机，则只可用于做正常飞行所需的各种机动，含失速（不包括尾冲失速）和坡度不大于60度的缓8字飞行、急上升转弯和急转弯。

2. 正常类旋翼航空器适航规定（CCAR-27-R2）

（1）概述

作为小型旋翼机的适航标准，CCAR-27部最早于1988年4月21日发布。2002年7月2日，做了第一次修订，该次修订以美国联邦航空条例第27部（FAR 27）第22到40号修正案（Amdt.27-22 ~ Amdt.27-40）为蓝本进行；2017年4月1日，做了第二次修订。

（2）适用范围

① CCAR-27部规定了颁发和更改最大重量小于或等于3180千克（7000磅），乘客位数不大于9座的正常类旋翼航空器型号合格证使用的适航标准。

②按照中国民用航空规章《民用航空产品和零部件合格审定规定》（CCAR-21）的规定，申请正常类旋翼航空器型号合格证或申请对该合格证进行更改的法人，必须表明符合 CCAR-27部中适用的要求。

③在上述申请 CCAR-27部证件的旋翼机中，多发旋翼航空器可按 CCAR-29部 A 类进行型号合格审定，但必须符合 CCAR-27部中附件 C 的要求。

3. 运输类旋翼航空器适航规定（CCAR-29-R2）

（1）概述

作为相对较大型旋翼机的适航标准，CCAR-29部最早于1988年4月21日发布。2002年7月2日，做了第一次修订，该次修订以美国联邦航空条例第29部（FAR 29）第25到47号修正案（Amdt.29-25 ~ Amdt.29-47）为蓝本进行；2017年4月1日，做了第二次修改。

（2）适用范围

CCAR-29部规定了颁发和更改运输类旋翼航空器型号合格证时使用的适

航标准。根据 CCAR-29 部的规定，运输类旋翼航空器必须按照 A 类或 B 类的要求进行合格审定。其中，多发旋翼航空器可以同时按 A 类和 B 类进行型号合格审定，但必须对每一类规定相应的和不同的使用限制。A 类和 B 类旋翼航空器的定义如下。

①最大重量大于9080千克（20000磅）和客座量大于或等于10座的旋翼航空器，必须按照 A 类旋翼航空器进行型号合格审定。

②最大重量大于9080千克（20000磅）和客座量小于或等于9座的旋翼航空器，可按 B 类旋翼航空器进行型号合格审定但必须符合 CCAR-29 部中 C、D、E 和 F 章的 A 类要求。

③最大重量小于或等于9080千克（20000磅）但客座量大于或等于10座的旋翼航空器，可按 B 类旋翼航空器进行型号合格审定但必须符合第29.67条（a）（2）、第 CCAR-29 部 C、D、E 和 F 章的 A 类要求。

④最大重量小于或等于9080千克（20000磅）和客座量小于或等于9座的旋翼航空器，可按 B 类旋翼航空器进行型号合格审定。

此外，按照中国民用航空规章《民用航空产品和零部件合格审定规定》（CCAR-21）申请上述合格证或申请对该合格证进行更改的法人，必须表明符合本规章中适用的要求。

4. 涡轮发动机飞机燃油排泄和排气排出物规定（CCAR-34）

（1）概述

作为控制航空发动机排放的适航标准，CCAR-34 部于2002年3月20日发布。制定过程中参考了美国联邦航空条例第34部（FAR 34）第1到30号修正案（Amdt.34-1～Amdt.34-30）和 ICAO《国际民航公约》附件16第Ⅱ卷《航空发动机排出物》的相关要求。

（2）适用范围

CCAR-34部适用于按《民用航空产品和零部件合格审定规定》中第二章

和第三章的规定申请航空燃气涡轮发动机型号合格证、补充型号合格证、型号认可证或申请对该合格证进行更改的法人。对于在用的航空燃气涡轮发动机也要符合 CCAR-34 部的适用要求。

在申请上述证件时，申请人为表明符合 CCAR-34 部的适用要求时，应使用要求的测试和采样方法、分析技术和有关设备，否则，必须经局方批准或认可。自 CCAR-34 部生效之日起，对于排气排出物的要求，按照中国民用航空规章的要求进行维修、型号设计符合 CCAR-34 部排气排出物要求的发动机，应视为符合这些要求。发动机进行前述维修前已被局方认可的所有演示符合性的方法和型别牌号，应视为继续符合其被批准所依据的特定标准。

为获得相关证件，申请人必须允许局方进行或目击任何确定对 CCAR-34 部适用条款符合性的测试。CCAR-34 部适用于 2002 年 4 月 19 日及其后制造的航空燃气涡轮发动机，同时适用于在用航空燃气涡轮发动机。

5. 特殊类别航空器适航规定

在民航规章《民用航空产品和零部件合格审定规定》(CCAR-21-R4)中规定，特殊类别航空器指局方指定的尚未颁布适航规章的某些种类航空器，如滑翔机、飞艇、甚轻型飞机和其他非常规航空器。对于特殊类别航空器，包括安装其上的发动机、螺旋桨，其型号设计应当符合《正常类、实用类、特技类和通勤类飞机适航规定》(CCAR-23)、《运输类飞机适航标准》(CCAR-25)、《正常类旋翼航空器适航规定》(CCAR-27)、《运输类旋翼航空器适航规定》(CCAR-29)、《载人自由气球适航规定》(CCAR-31)、《航空发动机适航规定》(CCAR-33)、《螺旋桨适航标准》(CCAR-35)中适用的要求或者民航局确认适用于该具体的设计和预期用途且具有等效安全水平的其他适航要求。

根据最新规章的规定，特殊类别航空器适航主要按照初级类、限用类、轻型运动类三类适航证进行管理，相关条款为 CCAR-21-R4 的第 21.24 条、第 21.25 条或者第 21.26 条的型号合格证或者第 21.29 条。

（1）初级类航空器适航规定

对于初级类航空器，以及装在其上的发动机和螺旋桨，其型号设计应当符合《正常类、实用类、特技类和通勤类飞机适航规定》（CCAR-23）、《正常类旋翼航空器适航规定》（CCAR-27）、《载人自由气球适航规定》（CCAR-31）、《航空发动机适航规定》（CCAR-33）、《螺旋桨适航标准》（CCAR-35）中适用的要求，或者局方确认适用于该具体设计和预期用途且具有可接受的安全水平的其他适航要求；并且符合《航空器型号和适航合格审定噪声规定》（CCAR-36）中适用于初级类航空器的噪声标准。

根据 CCAR-21-R4 第21.24条规定，已经建立符合第十四章要求的设计保证系统并且具备下列条件的申请人可以取得初级类航空器的型号合格证。

①该航空器同时符合下列条件：

无动力驱动的航空器；或者由一台自然吸气式发动机驱动、按第23.49条定义的 V_{so} 失速速度不大于113千米/小时（61节）的飞机；或者在海平面标准大气条件下主旋翼桨盘载荷限制值为29.3千克平方米（6磅/平方英尺）的旋翼航空器；

最大重量不大于1225千克（2700磅）；或者对于水上飞机，不大于1530.9千克（3375磅）；

包括驾驶员在内，最大座位数不超过4人；

客舱不增压。

②申请人提交的型号设计、试验报告和各种计算可表明申请型号合格审定的民用航空产品符合适用的适航规章、环境保护要求和民航局制定的专用条件。局方确认符合以下条件：

局方在完成所有试验和检查等审定工作后，确认其型号设计和民用航空产品符合适用的适航规章和专用条件及环境保护的要求，或者任何未符合这些要求的部分具有局方认可的等效安全水平；

没有不安全的特征或者特性。

（2）限用类航空器适航规定

根据CCAR-21-R4第21.25条规定如下。

①已经建立符合第十四章要求的设计保证系统并且具备下列条件的申请人可以取得限用类航空器的型号合格证：

申请人表明该航空器满足某个航空器类别的适航要求和环境保护要求，局方确定对该航空器将被用于的专门作业不适用的那些要求除外；

局方在完成所有试验和检查等审定工作后，确认其型号设计和民用航空产品符合适用的适航规章和专用条件及环境保护的要求，或者任何未符合这些要求的部分具有局方认可的等效安全水平；

申请人表明该航空器在为其预期使用规定的限制条件下运行时没有不安全的特征和特性。

②本条中的"专门作业"指：

农业（喷洒药剂和播种等）；

森林和野生动植物保护；

航测（摄影、测绘、石油及矿藏勘探等）；

巡查（管道、电力线和水渠的巡查等）；

天气控制（人工降雨等）；

空中广告；

局方规定的任何其他用途。

（3）轻型运动类航空器适航规定

根据CCAR-21-R4第21.26条规定，已经建立符合第十四章要求的设计保证系统并且具备下列条件的申请人可以取得轻型运动类航空器的型号合格证。

①该航空器是符合下述轻型运动航空器定义的轻型运动飞机（固定翼）、滑翔机、自转旋翼机或者轻于空气的航空器。

A. 最大起飞重量不超过下列条件之一：

600公斤（1320磅）的轻于空气的航空器；

600公斤（1320磅）的不用于水上运行的航空器；

650公斤（1430磅）的用于水上运行的航空器。

B. 在海平面标准大气条件下，最大连续功率状态下最大平飞空速（V_H）不超过120节校正空速。

C. 对于滑翔机，最大不可超越速度（V_{NE}）不超过120节校正空速。

D. 在最大审定起飞重量和最临界的重心位置，并不使用增升装置的条件下，航空器最大失速速度或者最小定常飞行速度（V_{S1}）不超过45节校正空速。

E. 包括飞行员的最大座位数不超过2座。

F. 如果是动力航空器，为单台活塞式发动机。

G. 如果是除动力滑翔机外的动力航空器，为定距或者桨距可地面调节的螺旋桨。

H. 如果是动力滑翔机，为定距或者顺桨螺旋桨。

I. 如果是旋翼机，为定距、半铰接、跷跷板式、两片桨叶旋翼系统。

J. 如果具有座舱，为非增压座舱。

K. 除了用于水上运行的航空器或者滑翔机外，为固定起落架。

L. 对于用于水上运行的航空器，为固定或者可收放起落架或者浮筒。

M. 对于滑翔机，为固定或者可收放起落架。

②申请人提交的型号设计、试验报告和各种计算可表明申请型号合格审定的民用航空产品符合局方接受的标准。

③局方在完成所有试验和检查等审定工作后，确认其型号设计和民用航空产品符合局方接受的标准，或者任何未符合局方接受的标准的部分具有局方认可的等效安全水平。

④没有不安全的特征或者特性。

7.2　通用航空维修

7.2.1　基本概念及分类

1. 维修的基本概念

维修就是维护和修理的简称。维护就是保持某一事物或状态不消失、不衰竭，相对稳定。修理就是使损坏了的东西恢复到能重新使用，即恢复其原有的功能。

维修是为使装备保持、恢复或改善规定技术状态所进行的全部活动。

2. 通航维修

指对通用航空器或通用航空器部件所进行维护、修理、检查、更换、改装和排放的总和，从而确保飞机和乘员的安全。

※ 学习记忆点：通航维修的概念

> 指对通用航空器或通用航空器部件所进行维护、修理、检查、更换、改装和排放的总和，从而确保飞机和乘员的安全。

7.2.2　我国航空维修业管理体制

1. 我国航空维修业的主管部门和管理体制

根据《中华人民共和国民用航空法》规定，维修民用航空器及其发动机、螺旋桨和民用航空器上设备，应当向民航局申请领取生产许可证书、维修许可证书。经审查合格的，发放相应的证书。

中国民用航空局（以下简称民航局）统一负责维修许可证管理，并负责国外维修单位的合格审定和监督管理。中国民用航空地区管理局（以下简称民航地区管理局）受民航局委托，负责主要办公地点和维修设施在本辖区内的航空器运营人的维修单位、国内维修单位的合格审定和监督管理。

维修许可证由维修许可证页和许可维修项目页构成。维修许可证页应当载明单位名称、地址及维修项目类别；许可维修项目页标明具体维修项目及维修工作类别。

※学习记忆点：我国航空维修业的主管部门

我国航空维修业的主管部门是中国民用航空局及民航地区管理局。

2. 我国航空维修业的相关法律法规

除《中华人民共和国民用航空法》外，我国航空维修业涉及的主要规定还有《民用航空器维修单位合格审定规定》（CCAR-145-R4）、维修和改装一般规则（CCAR-43-R1）和《民用航空器维修人员执照管理规定》（CCAR-66-R3）。

3. 通航维修分类

（1）依据工作类型分类

按照《民用航空器维修单位合格审定规定》（CCAR-145-R4），根据工作类型，通航维修可分检测、修理、改装、翻修、航线维修和定期维修等。

①检测

指不分解民用航空器部件，而根据相应技术文件的要求，通过离位的试验和功能测试来确定航空器部件的可用性。

② 修理

指根据相应技术文件的要求，通过各种手段使偏离可用状态的民用航空器或者其部件恢复到可用状态。

③ 改装

指根据相应技术文件的要求对民用航空器或者其部件实施的各类设计更改。此处所指的改装不包括对改装方案中涉及设计更改方面内容的批准。

④ 翻修

指根据相应技术文件的要求，通过对民用航空器或者其部件进行分解、清洗、检查、必要的修理或者换件、重新组装和测试来恢复民用航空器或者其部件的使用寿命或者适航性状态。

⑤ 航线维修

指根据相应技术文件的要求对航线运行中的民用航空器进行的例行检查和故障、缺陷的处理。

航线维修（维护），也称为低级维修，包括以下。

A. 航行前维护，每天执行飞行任务前的维护工作。

B. 过站（短停）维护，每次执行完一个飞行任务后，并准备再次投入下一个飞行任务前，在机场短暂停留期间进行的维护工作。

过站维护主要是检查飞机外观和飞机的技术状态，调节有关参数，排除故障，添加各类工作介质（如润滑油、轮胎充气等），在符合安全标准的前提下，适当保留无法排除并对安全不构成影响的故障，确保飞机执行下一个飞行任务。

C. 航行后维护，也叫过夜检查。每天执行完飞行任务后的维护工作，一般在飞机所在基地完成，排除空、地勤人员反映的运行故障，彻底排除每日飞行任务中按相关安全标准保留的故障项目，并做飞机内外的清洁工作。

以上各类维护定义仅针对一般情况，如飞机在基地停留超过一定时间就必须进行航行后维护，而不论当天飞行任务是否全部完成；飞机飞回基地做短暂停留期间也可能要按航行后维护标准执行维护工作。

下列一般勤务工作不视为航线维修：民用航空器进出港指挥、停放、推、拖、挡轮挡、拿取和堵放各种堵盖；为民用航空器提供电源、气源、加（放）水、加（放）油料、充气、充氧；必要的清洁和除冰、雪、霜；其他必要的勤务工作。

⑥定期检修

指根据相应技术文件的要求，在民用航空器或者其部件使用达到一定时限时进行的检查和修理。定期检修适用于机体和发动机项目，不包括翻修。定期检修（维护），也称为高级维修。

飞机、发动机和机载设备在经过一段时间的飞行（飞行周期）后，可能发生磨损、松动、腐蚀等现象，飞机各系统使用的工作介质，如液压油、滑油等也可能变质和短缺，需要进行更换或添加，所以经过一段时间的飞行后，就必须进行相关的检查和修理，并对飞机各系统进行检查和测试，发现和排除存在的故障和缺陷，使飞机恢复到原有的可靠性，来完成下一个飞行周期的任务。

⑦其他维修工作类别

比如特种维修（维护）。特种维修（维护）是指由于某种特殊原因而进行的维修。

这类维修一般包括：经过雷击、重着陆或颠簸飞行后对某些设备及飞机结构的特定部位进行的特别检查和修理；受外来物撞击、碰伤后的修理；发现飞机某部位发生不正常腐蚀后的除锈、防腐处理；按适航部门或制造厂家的要求对飞机进行加、改装工作。

（2）依据维修项目分类

按维修项目细分，通航维修可分为机体维修、发动机维修、螺旋桨或旋翼维修、部件维修（除发动机或者螺旋桨以外的部件）四类。

①机体维修

机体维修是指机体和部件的详细检查，包括防腐项目和复杂的结构检查及通用航空器大修。机体维修按照特定时间间隔对通用航空器机体进行检查和修理工作。通用航空器维修的时间间隔和工作内容由通用航空器制造厂、国家航空管理当局（如 FAA、EASA 和 CAAC 等）和通用航空器运营人共同确定。最后按照国家法规，确定能够满足安全和运营要求的通用航空器维修间隔形成通用航空企业的客户化修理方案，即通用航空器维修方案中的集体大修内容。

机体维修中的定期检查工作按照固定的飞行小时安排。与商用喷气飞机不同的是，通用航空器也有两种级别的检修：小检修和大检修。小检修类似于商用喷气飞机中的 A 检和 B 检，属于航线维修的一部分；大检修类似于 C 检和 D 检，属于大检修。但是通用航空器对应的工作比商用喷气飞机内容上要简单一些，如表7-2所示。

表7-2　通用航空器机体检修要求

维修级别	关键内容描述	维修时间	返厂周期	维修工时
小检修	包括油量、胎压、灯光等系统的检查	300~500 飞行小时	1天以内	4~15h
大检修	全面结构检查和通用航空器大修（类似于商用飞机的D检）	3000~6000 飞行小时	5~7天以内	因维修项目而定

②发动机维修

根据通用航空器发动机制造商制定的标准，为恢复发动机的设计操作性能而进行的离位修理以及零部件的更换。主要包括发动机分解、检查、零部件按需修理和更换、重新组装和测试。对于通用飞机来说，发动机大修是根据发动机制造厂家的标准，按特定的维修间隔进行大修。另外，通用航空器还规定了热部件检查（HSI）。热部件检查通常使用孔探方法来确定发动机内部磨损情况，如表7-3所示。

表7-3　通用航空器发动机维修要求

种类	维修类别	主要工作内容	维修间隔
通用航空器发动机	热部件检查	热部件孔深检查	1000~3000h
	大修	分解、检查、零部件的修理和更换、组装、试车等	3500~7000h

这些与商用飞机发动机大修不同的，商用飞机发动机大修是根据实际需要来进行的，但不包括更换时寿件（Life-Limited Parts，LLP）。时寿件是根据民航当局所规的固定时间进行更换的。

③螺旋桨或旋翼维修

螺旋桨或旋翼维修是根据通用航空器制造商制造的标准，为恢复螺旋桨或旋翼的使用性能而进行的修理。其中螺旋桨或旋翼的重要修理项目有修理或加强钢制桨叶、修理或加工钢制桨毂、切短叶片、木制螺旋桨的重新去尖、更换固定式螺距木螺旋桨的外层、修理固定式螺距木螺旋桨毂里拉长的螺孔、木叶片的镶嵌工作、修理接合叶片、更换螺旋桨尖端的织物、更换塑料蒙皮、修理螺旋桨调速器、大修可控螺距螺旋桨、修理或更换叶片的内部构件等。

④部件维修

除发动机或者螺旋桨以外，通用航空器部件、附件的修理和大修用来保障通用航空器各系统最基本的飞行性能。包括对通用航空器控制和导航、通信、操纵面控制、客舱空调、电源和刹车等系统，如表7-4所示。典型的通用航空器装有不同制造商生产的众多部附件，因此附件的维修市场极度分化。

表7-4 通用航空器部件维修工作

种类	维修工作	成本比例
机轮和刹车	刹车片、机轮、防滑系统、伺服活门的大修、修理和更换	17%
电子设备	显示系统、通信设备、导航系统等的大修、修理和更换	15%
APU	APU及其附件的修理和更换	13%
燃油系统	发动机燃油控制和通用航空器燃油系统的大修、修理和更换	13%
液压动力	液压泵和传送组件的大修、修理和更换	6%
飞行控制	主次飞行控制的作动筒的大修、修理和更换	8%
电气设备	发电机及其电源分配系统的大修、修理和更换	6%
其他设备	安全系统、气动系统等的大修、修理和更换	22%

※ 学习记忆点：依据项目不同，维修可以分为哪四种类型

　　机体维修、发动机维修、螺旋桨或旋翼维修、部件维修（除发动机或者螺旋桨以外的部件）四类。

7.2.3 通用航空维修内容、特点及作用

1. 通航维修的内容

　　飞机在空中飞行和地面停放时，技术状况受到内部和外部各种因素的影响，由合格变为不合格，要纠正这种情况，就需要对飞机进行维修。飞机维修是飞机在使用过程中进行维护和修理的总称。维护是指保持飞机固有技术性能和发挥其最大效能所采取的技术措施；修理是指飞机性能下降或部件出现

故障时,为恢复其固有技术性能所采取的技术措施。维修的直接目的是保证飞机处于良好可用状态,保证飞机圆满完成运输、训练和其他飞行任务。为达到安全飞行的目的,不仅要求从技术上保证航空器具有良好的可靠性、维修性和技术性能,还要求各级维修部门对维修工作实施有效的管理以做好维修工作。

随着现代科学技术的发展,新技术、新工艺和新材料的广泛使用,使飞机维修从过去单一的擦洗、修补等日常作业逐步形成一个系统的工作组合。要做好维修工作,不仅要掌握相关的专业知识,还要掌握通航维修理论,这样才能把维修工作从经验维修转变到科学维修。

2. 通航维修的特点

通航维修行业是资本密集和技术密集型行业。由于通航维修具有较强的专业性质,与通航飞机的飞行安全直接相关,所以对其采取了较为严格的管理。

(1)航空器空中使用特点

航空器的使用不同于地面车辆和水面舰船,地面车辆和水面舰船出现故障可以停下来维修;航空器在空中使用,一旦出现故障则难以采取维修工作,有可能造成严重的后果。

这一特点决定了通航维修的特点,即必须在飞行前、航空器在地面的时候做好维修工作,确保航空器从投入使用到使用结束保持安全、可靠。

(2)航空器结构复杂、性能先进

航空器与其他运输设备相比,具有结构复杂和性能先进的特点,特别是随着科学技术的进步,这种特点越来越突出。控制系统越来越复杂和先进,维护性也越来越好。虽然飞机性能先进、结构复杂使得维护性和使用性提高,但由于结构越复杂,可靠性水平就越难维持在高水平状态,这就需要维护人员转变维修观念,进行科学维修。

（3）维修成本较低

相对于民航飞机而言，通航飞机结构较为简单，但是零部件的复杂程度并没有打折扣，这就要求我们研究维修工作，科学维修，减少换件率，降低维修工时，提高经济效益。

（4）适航管理

航空器的设计、制造和使用，始终贯穿着严格的、科学的管理程序。所涉及的机构和人员众多，针对航空器使用阶段的持续适航管理就涉及制造商、承运人和适航当局等。维修工程管理的每一个行为都要按照程序执行。

（5）人员素质要求高

由于目前我国民航机队基本由国外引进的飞机组成，其维护和维修资料也全部是外语资料，这就要求维修人员具备基本的外语阅读能力。拥有美国联邦航空局（FAA）和欧洲航空安全局（EASA）证件的民航维修企业还要求维修人员必须具备基本的外语听、说、写能力。因此，民航维修企业要求民航维修人员具备较熟练的外语技能、全面的专业知识和熟练的职业技能等综合素质。目前，民航维修企业把一名大学毕业生培养成一名优秀的专业民航维修人员的周期一般需要 3～5 年的时间。

（6）民航维修的不定性和时效性

民航维修业属于服务性行业，直接为航空公司的飞机服务，与航空公司互相依存。飞机发生故障时受损部位和部件的不同需要的维修服务也各有差异，这就决定了民航维修业务具有不定性，航空公司的飞行必须安全、正点，因此，飞机在服役期间需要周期性、重复的维修作业。在远离基地时，须具备完整的后勤提供支撑，对飞机出现的故障，能够及时赶到现场执行维修作业，这也就决定了民航维修的时效性。

（7）航空器实施全寿命管理

航空器的全寿命是指航空器从厂家制造出来后投入运行直至退役的整个周期，而对该周期的技术状态、维修工作、维修成本进行全程的跟踪服务正是全寿命维修服务。这种服务方式是一项系统工程，它围绕着市场需求和客户需求，企业通过优化管理流程。

3. 通航维修的作用

通用航空器是高技术、高成本的产品，安全始终是第一要务。由于通用航空业事故频发，造成生命和财产损失，政府主管部门提出了适航性的概念，并提出只有具备适航性的航空器才允许在空中飞行，达不到适航性要求的航空器禁止飞行，从而保证飞行安全。适航性管理时间从航空器的设计制造开始一直持续到航空器使用维修的整个寿命期。

（1）保障通航工作正常进行

通航是以速度快和时间短为特征的，其工作范围覆盖面广，工作种类繁多，具有较高的使用率。因此，通用航空的维修是保障通航工作的基础，让航空器正常、稳定、高效地完成任务，在一定程度上也促进通用航空的长远发展。

（2）影响运管成本

通用航空起步晚，规模小，成本注入不足。经营成本成为通用航空公司收益的重要方面，是通用航空公司取得竞争优势的关键，也是通用航空公司实力强弱的重要标志之一。在直接运营成本中，维修成本一般占有较大比重，降低维修成本对于航空公司的发展具有重要作用。

（3）改进航空器设计水平

人类航空科技的进步是经过100余年不断改进设计取得的，随着科学技术的进步，因机械原因造成的事故越来越少。航空器的可靠性水平在不断地提高，这种提高在很大程度上源于维修的反馈。航空器的生产与使用逐渐形成一个闭合的管理系统，使设计、生产制造和使用、维修相辅相成。

7.3 MRO系统

7.3.1 MRO概述

MRO 是英文 Maintenance，Repair & Operations 的缩写，即 Maintenance 维护、Repair 维修、Operation 运行（MRO）。通常是指在实际的生产过程不直接构成产品，只用于维护、维修、运行设备的物料和服务。而通航维修指对通用航空器或通用航空器部件进行维护、修理、检查、更换、改装和排放的总和，从而确保飞机和乘员的安全。航空 MRO 行业总体可以分为工程服务、航线维修、机体大修、发动机维修、部（附）件维修和航材服务六大类。

※学习记忆点：MRO的概念

MRO是英文Maintenance，Repair & Operations 的缩写，即 Maintenance 维护、Repair 维修、Operation 运行。通常是指在实际的生产过程不直接构成产品，只用于维护、维修、运行设备的物料和服务。

7.3.2 MRO发展背景

航空维修业是伴随着飞机的诞生而产生的一个特殊行业，它的发展依赖于航空事业的进步。凭借在制造领域的垄断地位，欧美等发达国家的商用航空器维修业起步早，发展快，规模扩展速度快，除了有依托技术优势的主要

OEM（Original Equipment Manufacture）厂商（如 GE、赛峰、普惠、罗罗、美国联合技术、霍尼韦尔等）外，还拥有德国汉莎技术等能提供全方位维修服务的维修企业集团。

　　中国的民航维修业是从20世纪五六十年代的航线维护发展到开展大修的，其进一步的发展则始于20世纪后期的机体大修。改革开放之后，民航政企分开，推动各航空公司的成立，在航空维修领域，也加快了国际合作的步伐，国内 MRO 业已呈现出蓬勃发展的势头，众多的维修企业应运而生，形成了国有、合资、民营三大阵营。尤其在近十年，中国在各个领域逐步与世界接轨，为航空事业的繁荣开拓了道路，使得国内民航维修业的发展前景更为广阔，走上了国际化和科技化的道路。中国 MRO 业已经成为中国航空事业飞速发展的一块基石。

　　截至2020年年底，由中国民航局（CAAC）批准的航空维修单位达964家，其中国内航空维修单位498家，全面覆盖了飞机航线维护、机体维修、发动机维修和部附件维修能力范围。其中，国内 MRO 从数量来讲，大大小小已经十几家，其中既有本土的航空公司自己的、合资的，也有国外 MRO 巨头新科宇航和太古集团的，还有飞机制造巨头波音公司的，比如有上海新科宇航有限公司（STARCO）、北京飞机维修工程有限公司（AMECO）、广州飞机维修工程有限公司（GAMECO）、厦门太古飞机工程有限公司、山东太古飞机工程有限公司等。不过，目前中国大部分 MRO 的营运情况，都是高资本、高投入、低利润率，而且人员流动性远远高于航空公司，国际市场的竞争力与新加坡新科宇航、德国汉莎等世界知名的 MRO 差距明显。

7.3.3　MRO业务及运营

1. MRO业务

民航的发展已经成为现代人类文明的发展标志之一。民航维修业作为民航事业的保障力，其重要性不可忽视，其发展更引人关注。

新冠疫情发生之前，从维修业务类型上看，大部分维修收入来源于发动机维修和部（附）件维修业务，退役飞机数量激增推动二手部件市场不断壮大；从维修企业发展趋势上看，大型维修企业的业务规模越发庞大，全面的多样化业务将成为企业的核心竞争力。航空公司大量新飞机的引进也促使 MRO 企业不断提高产能。与此同时，大量机队的更新进一步促进了维修市场的整合。这使维修企业不得不一方面积极拓展新一代机型的维护能力，另一方面选择性地逐步取消旧机型的维修服务。究其原因，主要是由于新机型维修市场的规模增大、捆绑性增强，促使运营商和原始设备制造商（OEM）更加积极地参与售后服务市场，而航空公司出于对成本和 MRO 市场竞争力的考虑，必须降低对 OEM 的依赖性。

受新冠疫情影响，随着大量停飞的飞机重新投入使用，2021年机体维修市场规模达到2019年的88%，为162亿美元；2022年恢复至2019年的水平。2021年和2022年，机体维修市场占维修总市场的24%。虽然短期内机体维修市场受疫情的影响较小，但长期的增长将受到限制。由于未来新交付的飞机延长了维护周期并且维护费用更低，预计2026—2031年，机体维修市场的复合年均增长率低于1%，到2031年将达到223亿美元，占比将降至19%。

由于航班数量以及飞行小时数还未完全恢复，2021年，发动机、部附件和航线维修市场规模预计分别为295亿、121亿和107亿美元，分别达到2019年的80%、80%和84%；2022年年底之前恢复至2019年的水平。2022—2031

年，发动机维修市场预计将以3.8%的复合年均增长率增长；到2031年，达到566亿美元。部附件维修市场中，机轮和刹车、辅助动力装置以及航空电子设备维修市场将占部附件维修市场的45%。2026—2031年，部附件维修市场预计将以1.9%的复合年增长率增长，到2031年达到213亿美元。2026—2031年，航线维修预计将以2.7%的复合年增长率增长；到2031年，达到174亿美元。

航空维修产业一直存在着OEM技术壁垒，OEM为保障其自身产品价值及其对应售后服务市场利润，对投放市场的整机、零部件及有关设备把控严格，相较独立第三方MRO企业而言，手握更多资源与主动权。后疫情时代，融合一定是OEM与MRO的最终发展趋势。作为原厂制造商，OEM是售后维修服务领域的重要参与者，具有得天独厚的优势，而MRO企业建有自身维修网络，具有本土化发展优势。为拓宽市场，同时有效降低成本，OEM有意向MRO端发展，而MRO企业需要OEM提供专业技术授权与有关配件支持。由此可见，未来双方的不断融合将更有利于充分发挥各自优势，获得更多发展机会，进一步整合优化航空维修市场配置。

此外，随着电子信息技术和数字技术的飞速发展，航空器正朝着多电化、全电化方向发展，而航空器的核心航电系统也正向着综合化、集成化方向发展。新一代航空技术正在普及，这势必对航空维修业从维修方式、维修模式等多层面造成影响。对第三方航空维修单位而言，传统的电子、电气类部附件修理，主要以硬件修理为主，随着新一代航空技术革命的到来，新型的电子、电器类部附件种类和数量都将随之增加。与此同时，未来的电子、电气类部附件修理，软件比例将显著提升，未来对航空维修大数据以及智慧维修技术的要求都将大大提高航空维修的技术准入门槛。

2. MRO 运营模式

（1）航空公司 MRO 模式

法航工业是其中的典型。航空公司 MRO 优势在于：可以较好地利用航空公司的规模优势和部门之间的协作；同时行使 121 部和 145 部的职能，使得航空公司 MRO 有更强的机队工程和航材库存管理能力，在今天以越来越多的个性化维修工程服务为趋势的市场中优势明显，也可以使 MRO 企业借助航空公司机队选型的优势在与 OEM 谈合作的时候获得更多的话语权。航空公司 MRO 劣势在于：部分地参与市场竞争，不能做到效益最大化；市场开发和能力建设依赖于航空公司的整体规划，而航空公司在做投资决策的时候会更多地将短线投入放在更为优先的位置，人们传统的观念是将维修部门仅视为保障部门而非营利的部门；在激励机制和员工积极性调动上有一定的困难，难以建立行之有效的激励机制。作为航空公司 MRO 要想取得成功，航空公司必须将维修部门视作利润中心，而非成本中心，同时在做投资规划等决策时应给予支持。航空公司 MRO 的优势通常是航材管理、PMA 和 DER 修理、航线维护，以及全方位的工程技术管理。

（2）航空公司全资独立 MRO 模式

德国汉莎技术公司和新加坡新航工程公司（SIAEC）是这个模式的代表。汉莎技术公司已经成为汉莎集团六个下属公司中收入第二、盈利贡献率第一的公司，其第三方业务成为汉莎技术公司的主要收入来源和发展动力。这一类 MRO 所具有的优势和特点是：大力发展自主维修能力，为枢纽型的航空公司提供航线保障服务，通过与 OEM 建立合资企业开展发动机大修和附件修理；充分地参与市场竞争，有利于效益最大化；拥有自主经营的权力；与航空公司独立结算，便于实施绩效考核，调动员工的积极性；与航空公司职责明确，专注于 145 部职能。这些优势使得这一类 MRO 企业处于一个良性发展的环境中，从而为航空公司创造更多的利润，真正做到从成本中心向利润中心的转变。当然这一模式的MRO也有相应的劣势，对于航空公司而言，必须整合现有的维修资源，改革的难度大。这一类的MRO企业要想取得成功，必须与母航空公司签订长期协议，提供全方位的维修工程服务，包括机体大修、飞机改装、发动机及高附加值的附件维修；积极拓展第三方业务；不断进行技术更新，大力开发维修能力；持续改进客户服务。

（3）合资MRO模式

这种模式通常是航空公司与OEM或实力比较强的修理厂家合作的结果。这一类MRO拥有以下优势：利用合作厂家的技术优势或产品优势；规模效应；经营自主权。其劣势在于：依赖于合作厂家的技术转让或备件价格政策；股东之间的利益不一致会引发经营管理政策上的分歧。这一类企业要想取得成功首先要维护好股东之间的关系、股东与企业之间的关系，在双方的利益中寻找对企业发展有利的共同点；市场销售区域化、等级化；锁定长期优质客户，提升服务质量。其优势通常是发动机、APU、起落架、反推等高附加值附件修理。

※ 学习记忆点：MRO运营模式

航空公司MRO模式、航空公司全资独立MRO模式、合资MRO模式。

3. MRO运营现状

2019年，在全球范围内，独立维修企业与航空公司下属维修企业都在扩展其维修能力和服务产品。虽然亚太地区和拉丁美洲新兴市场的增长速度最快，但北美和欧洲的成熟市场仍占全球MRO支出的最大份额。与此同时，业内都希望通过一些新技术，包括预测分析、人工智能和区块链等，为航空公司进一步降低维修成本，或者提供更好地维护选择。

2021年的MRO全球市场分析报告显示，新冠疫情影响对全球民航运输市场以及民航维修市场造成的严重冲击一时间很难消除，甚至可以说自2020年以来行业所受冲击的传导效应还在不断显现。在新加坡，作为全球最大的航空维修提供商，新科宇航在全球最为繁忙的新加坡樟宜机场提供航线维护服务，并在全球各地的维修基地向众多航空公司提供机体大修服务。随着疫情在全球蔓延，各地对防疫物资的需求量陡然增加，航空货运需求不断扩大，促使飞机"客改货"工作量激增，新科宇航也陆续增加了相关业务。在北美地区，汉莎技术公司在加拿大持续扩大发动机维修设施，加拿大航空、哈兰德公司等纷纷提升自己的客改货能力，美国的MRO则承接了大量的停飞飞机的停场服务。欧洲是MRO业务比较发达的区域，正在形成MRO产业集群已经成为一种趋势。

在国内，得益于我国政府在疫情防控、经济重启等方面采取的及时有效措施，中国民航率先复苏。在新冠疫情引发大量货运需求后，政府及时出台了相关政策，积极推动航空货运业发展，不断提升货运保障能力水平。目前，国内众多省市一级的货运航空公司不断涌现，货运机型以波音737客改货机型为主。

在此背景下，国内的客改货市场迎来了空前繁荣景象。2020年6月16日，广州飞机维修工程有限公司（GAMECO）在广州总部举行首架737-800波音改装货机（BCF）主货舱门切割活动，庆祝波音737客改货项目正式开工。2020年5月，南航正式启用了北京大兴国际机场的新机库，该机库面积达4万平方米，可以同时容纳两架空客A380、三架波音777和三架空客A320停场大修，目前，该机库已经成为亚洲最大的维修机库，并开始为南航A330机队提供C

检服务。2022年，GAMECO 还将在广州建成三期机库，届时将开启30条重维修生产线，充分满足国内外客户的需求。2021年11月15日，禧佑源航空科技再制造基地维修中心项目在转型综改示范区太原武宿综合保税区建成投产，其一期项目为飞机综合维修基地，主维修车间可同时维护六架单通道客机。

在发动机维修方面，虽然疫情对发动机维修影响较大，但 MTU 对亚洲市场的复苏和发展以及对窄体发动机服务需求充满信心。珠海保税区摩天宇航空发动机维修有限公司2020年捷报频传，迎来了多个里程碑事件，令发动机维修业为之振奋。

此外，在2020年，国产飞机 ARJ21 在国有三大航陆续投运，这标志着国产支线飞机正式进入国际主流航空公司的运营机队行列。此外，C919国产大飞机正式投入商运的时间越来越临近，不断开发中国自主研制的 ARJ21 和 C919 飞机的 MRO 能力已提上了日程。

对于通用航空来说，国外提供 MRO 服务的维修企业，较少提供通用航空飞机 MRO 服务。国内现有的 AMECO、GAMECO、太古等提供商用运输机 MRO 服务的大型维修企业，目前也不提供通用航空飞机 MRO 服务。原因非常简单，就是我国通用航空机队规模尚小，开展相关 MRO 业务难以达到盈利水平。通航 MRO 的保障能力对其健康与可持续发展至关重要。从目前情况来看，我国在通用飞机的维修保障体系上还有很长的路要走。

4. 需求及困难

近年来，随着我国经济持续稳定增长，民航运输业发展迅速，飞机数量的快速增加极大地刺激了 MRO 市场，给飞机维修行业带来了前所未有的机遇与挑战。

航空公司飞机维修生产计划与控制部门的主要职能是根据航空公司机队发展规划和维修需求，结合飞机持续适航维修方案（CAMP）的要求，从而预测未来不同时期阶段的飞机维修工作总量及特点，制定相应的维修生产计划，并对相关维修资源进行合理的调配，平衡工作量与工作能力。除此之外，还要依据规定的工作方法和标准进行生产控制，确保其不偏离目标，以及对已执行工作进行分析研究加以改进，确保达到三个基本的生产管理目标。

（1）保证飞机持续适航安全，即确保所有维修工作在规定期限内完成。

（2）保障飞机航班正点率，即通过提高飞机维修质量减少飞机在运营过程中的故障率，从而降低因飞机工程机务原因导致的航班运行不正常千次率。

（3）有效控制飞机维修成本，即通过控制人工成本、航材成本、设备设施成本，控制生产效率、飞机可用率，减少飞机停场带来的损失。

与此同时，也带来诸多新的难题，体现在以下三个方面。

（1）维修需求增加，使得维修人员、机库机坪、工具航材等维修资源突然变得紧缺，成为制约民航维修乃至全民航发展的瓶颈。

（2）机队规模扩大，带来许多管理问题，传统的生产管理模式难以满足发展需要，而先进的生产管理理念更多停留在理论阶段，实际应用偏少。

（3）多年来一直采用手工操作或者简单计算机辅助的生产管理方式，不仅工作量大、效率低、容易出错，也无法满足资源共享、快速响应、无纸化办公等要求，极大地制约了维修能力建设。

维修能力的高低不仅直接关系到飞机的持续适航、航班正点、可用率，还关系到航空公司的运营成本，甚至影响到航空公司的长远发展，有着举足轻重的意义。

5. 航空公司机务与 MRO 机务之异同

中国机务目前主要有两大群体：一个是航空公司的机务；另一个群体就是 CCAR-145 机构 MRO 的机务。虽然都是从事飞机及部件维修工作，但两者之间既有相同之处，也有很不相同的地方。

相同之处如下。

（1）两者承担的适航责任是一样的，都是为了保障飞机的持续性适航性。

（2）两者的资质授权体系是一样的，同时接受 CCAR-147 方面的培训，获得 CCAR-66 部的机型执照和基础执照，并且以此为基础获得相应机型的放行权（由各自公司授权）。

（3）飞机的维修工作所需的业务技能基本相同，这是同为机务的根本所在，大家都要学习机型知识，保障飞机的各个性能的持续适航，所以在这个技术层面是一致的。

不同之处如下。

（1）工作范围不一样

航空公司的机务是在 CCAR-121 部的指引下工作，除了从事 MRO 机务的职能以外，还需要承担航空公司的机队工程管理。从一定程度上讲，MRO 机务的工作其实仅仅是航空公司机务工作的一部分而已。

（2）工作职责不一样

MRO 的机务仅仅对飞机维修本身负责，通常不承担机队的工程管理职责，所有的维修方案基本来自航空公司；而航空公司也可以将机队的工程管理这个职责外委给 MRO 等满足资质的机构，但在局方的责任体系内，还得要求航空公司 CCAR-121 部、135 部等营运人设有监管体系与负责人员。

（3）各自的组织构架不一样

从大的组织机构框架来看是差不多的，都包括工程体系、生产体系、质量体系、培训体系、安全审核体系等，不过每个框架下的内容各有侧重，有些还是具有比较大的差异。

例如，航空公司的工程体系需要进行厂家服务通告（SB）的评估工作、航空器的加改装方案设计等工作，确定哪些需要在本机队完成或哪些不需要。质量体系最大的不同在于航空公司一般都会设立可靠性、监控部门，对本机队的各种故障缺陷和发动机等重要部件性能信息进行跟踪和分析；而 MRO 通常没有，除非有航空公司的委托时设立这些职能。

再如，生产体系方面的差异。航空公司的生产部门必须确定维修大纲，并且针对自己机队的情况确定维修方案给维修部门或者协议的 MRO 执行；而 MRO 的生产部门仅仅需要将航空公司的方案进行方案流程细化和资源配置工作而已，不需要对飞机的维修大纲和维修方案负责。

（4）在各自企业中的角色不一样

航空公司的机务通常是企业里面的成本部门，表面上他们并不给企业带来直接的经济效益，相反还会花去航空公司大把大把的银子；而 MRO 的机务通常是企业里面的主营业务生产人员，绝对的利润中心，这里的机务往往是企业的"聚宝盆"，是公司核心竞争力的重要元素。

（5）各自发展的趋势不一样

在中国，由于近年来 MRO 的迅速发展，目前的机务规模与航空公司的机务规模应该相当，如果加上独立的 CCAR-145 部件维修机构，从事飞机及其部件维修的工作人员应该要超过航空公司的飞机维修人员。尤其目前 MRO 承接了大量的国际业务，MRO 的国际化发展也是航空公司机务所不能够比拟的，因此 MRO 的机务人员的外延性很好。尤其是外资航空公司的大规模进驻中国，MRO 的机务是他们首先要挖掘的对象，毕竟他们所需要的就是这些机务的业务技能、国际化特色（如具备 FAA 基础执照等航空公司的机务后续的发展还是老套路，最后成为航空公司的一名综合性的管理人员或者主管机务的管理人员，由于其职能的全面性，这些航空公司的机务精英往往也是新组建航空公司挖角的重点）。

最后，无论有多少异同之处，机务的本质还是一样的，个人通过努力在综合技能上面可以达到一致，而且都是围绕飞机维修、保障飞机持续适航性这个核心来发展自己，只是各有所长、各有侧重而已。

7.3.4　MRO的发展与展望

据有关预测机构分析，过去十余年中，在全球经济增长、航空运输需求增加以及全球机队规模扩大的背景下，全球 MRO 市场规模实现了强劲而稳定的增长。然而，随着新冠疫情的蔓延与持续，MRO 市场规模出现了急剧下跌。为了应对疫情的冲击，航空公司停飞了大量的飞机，同时推迟了停飞飞机的维护，甚至提前退役了较为老旧的机型。2020年，全球 MRO 市场规模为503亿美元，相比疫情前的预测值916亿美元，下降了45%。

MRO 市场的恢复主要依赖于航空运输需求的恢复，而乘客出行需求的恢复又取决于全球经济的复苏、乘客的出行意愿以及疫苗接种形成群体免疫的程度。2021年，全球 MRO 市场规模达到685亿美元。

短期内，随着全球运营中的机队规模和利用率逐渐恢复到疫情前的水平，大量飞机复飞需要进行相应的维护，MRO 市场在 2021—2023年增长超300亿美元，增幅50%。预计2023年，MRO 市场将完全恢复，但疫情的影响将长期抑制 MRO 市场的增长；从2023年到2031年，随着飞机交付量的减少，MRO 市场的复合年均增长率预计仅为1.8%。其中，2026—2031年的复合年均增长率仅为 1.4%。到 2031年，全球 MRO 市场预计将达到1177 亿美元。相比疫情前的预测值1385亿美元，下降约15%。

2021年，全球只有中国和东欧地区的维修市场超过2019年的水平。其中，中国维修市场规模将比2019年扩大8%，达到83亿美元。到2031年，预计中国机队的平均机龄将从6.4年增长到10.6年，带动维修市场规模增长133.7%，达到 194亿美元。

　　总体来看，未来十年全球 MRO 市场将缓慢增长。因为全球经济遭受新冠疫情重创之后，未来机队交付量预计将减少，MRO 市场的持续增长受到抑制，增长率较低；同时，在市场压力之下，航空公司提前淘汰了老旧机型，缩减了 MRO 市场需求。但客观上随着全球机队平均机龄的增长，MRO 市场仍有一定增长，所以总体上呈现缓慢增长。再者，由于全球疫情仍存在一定风险，航空客运 MRO 市场恢复及发展存在较大的不确定性。当前，国内航空客运正在有序恢复，但国际航空客运量保持在较低水平，MRO 市场需求也较低。未来在疫情得到有效防控之后，各国将重新开放国际市场，客运航班实现完全恢复及增长，将产生更多的 MRO 需求，并会促进 MRO 市场进一步增长。

　　此外，航空货运市场先于客运市场恢复，货运飞机维修市场成为 MRO 市场新的增长点。新冠疫情以来，由于客运航班的大量停飞，客运航班腹舱货运能力明显不足；同时由于防疫物资、疫苗等物资的运输需求增长，多国出台了支持航空货运发展的相关政策。预计未来十年全球航空货运市场将保持稳定增长，从而带动 MRO 市场同步增长。

※　课后习题

1. 适航（性）概念是什么？

2. 适航分为哪两部分？

3. 请用一句话解释通航维修。

4. 依据项目不同，维修可以分为哪四种类型？

5. MRO 的中文名是什么？其含义是什么？

6. 当前，MRO 的主要运营模式有哪些？

第 8 章

飞行教育与培训

8.1　概述

飞行教育与培训是民用航空特别是通用航空系统的重要组成部分，飞行员是运输航空企业及通用航空企业的核心资产。按照世界上航空发达国家的普遍经验，通用航空是运输航空的基础，通用航空担负着为运输航空输送合格飞行员的重任。

在新冠疫情发生之前，根据美国通用航空制造商协会（GAMA）发布的2020年年度报告，美国2019年的飞行执照数量为664565本。其中，学生驾驶员执照197665本、私用驾驶员执照161105本、商用驾驶员执照100863本、运动驾驶员执照6467本、航线驾驶员执照164947本、旋翼机执照14248本。从飞行执照数据来看，美国在通用航空体系中储备了大量学生驾驶员和私用驾驶员，这为运输航空选拔商用和航线飞行员提供了良好基础。

从全球航校数据来看，根据 Best Aviation 的统计，截至2022年3月，全球有2817所航空学校。而美国有1445所飞行培训学校，占全球航校的51.3%，其中有1178所固定翼学校、267所直升机学校。从数据上看，美国飞行培训学校的数量比较庞大，为想从事飞行的人提供了充足的教育培训资源。特别需要指出的是，为培养人们对飞行的兴趣，美国有一个"雏鹰计划"。为了从小培养青少年的航空梦想，从1992年起，美国实验飞机协会（EAA）针对8岁至17

岁的青少年启动了"雏鹰计划"，致力于激励青少年热爱航空与飞行，传播航空知识，弘扬航空精神。目前，这项计划已经走出美国国门，拓展到世界范围内一些重要的航空展览/大会上，已经有超过200万孩子从中受益。

根据中国民航局飞行标准司发布的《中国民航驾驶员发展年度报告（2020年版）》，截至2020年12月31日，中国民用航空局颁发的有效民用航空器驾驶员执照总数为69442本，其中运动驾驶员执照（SPL）1113本，私用驾驶员执照（PPL）4015本，商用驾驶员执照（CPL）37881本，多人制机组驾驶员执照（MPL）192本，航线运输驾驶员执照（ATPL）26241本。无人驾驶航空器（无人机）有效驾驶员执照88944本。与美国相比，我国总人口数量是美国的4.26倍，而飞行执照数量仅占美国的10.4%。此外，我国的飞行员主要集中在运输航空系统，通用航空飞行员储备严重不足。

飞行培训学校方面，截至2020年12月31日，我国境内的141部飞行学校一共有41所，较2019年数量上增加了3所。其中26所具有整体课程培训资质，训练容量6098人，现有在训学生5506人。另外，目前我国境外共有35所持有CCAR-141境外驾驶员学校认可证书的飞行学校（其中3所由于疫情正在开展复审工作），较2019年数量上减少了1所，其中美国17所、澳大利亚11所、加拿大3所、南非1所、欧洲地区3所。境外飞行学校总的训练容量为5178人，现有在训学生1926人。从飞行培训学校的数量来看，我国的差距也是巨大的。

随着中国经济的快速发展，近年来中国航空运输业年均增长速度保持在10%左右，每百万平方千米拥有机场数量将大幅度增加，航班密度、旅客客运量等各项指标都将快速增长。2020年，受疫情影响，我国航空业各项指标较2019年有所下降，但随着疫情逐步得到控制，航空业将逐步复苏并进入稳步发展状态，未来我国飞行员数量需求仍然较大。2020年11月，波音公司发布2020年《中国民用航空市场展望》报告。报告显示，未来20年，中国航空公司将购买8600架新飞机，价值1.4万亿美元，同时需要1.7万亿美元的民用航空服务。预计中国航空业的长期增长将需要39.5万名民航飞行员、客舱乘务员和航空技术人员来运营和维护中国的机队，其中，飞行员需求数量约达12.5万人。这为飞行教育与培训市场带来巨大机遇，也为通用航空产业发展注入新的发展契机。

8.2　飞行员与飞行活动

8.2.1　认识飞行员

飞行员有广义和狭义之分。广义的飞行员是指空勤人员，指所有在驾驶舱内参与航空器运行操作的人员，包括飞行员、领航员、空中机械员和通信员等。狭义的飞行员专指在驾驶舱内直接操纵机上设备、系统，操作、控制航空器飞行状态和轨迹的人员。在日常生活中，人们通常称的飞行员一般是指狭义上的飞行员，本书也采用此说法。

在多人制机组配置中，根据技术等级或者执行任务的分工不同，飞行员分为机长、副机长、飞行教员、飞行学员等不同类型。

※ 学习记忆点：认识飞行员

广义的飞行员是指空勤人员，指所有在驾驶舱内参与航空器运行操作的人员，包括飞行员、领航员、空中机械员和通信员等。狭义的飞行员专指在驾驶舱内直接操纵机上设备、系统，操作、控制航空器飞行状态和轨迹的人员。

8.2.2　认识飞行活动

在本书前面章节中，我们按照通用航空的应用场景，对通用航空飞行活动进行了系统介绍。在民用航空活动中，根据飞行员的飞行任务种类不同，飞行活动可以分为以下几类。

1. 学习飞行

满足飞行基础条件的学员，在飞行教员的指导下，通过参与或独立驾驶航空器进行训练的飞行活动。这是取得飞行执照资格的第一阶段。

2. 运动飞行

驾驶运动类航空器，为自己或他人提供航空运动、娱乐飞行服务的取酬或不取酬的飞行活动。比如，我们看到的各类飞行大会或航空博览会上的表演飞行、个人娱乐的热气球飞行等。

3. 私用飞行

该类飞行认为不以获取报酬为目的，主要为自己或他人提供航空器驾驶及其衍生的服务。比如，驾驶个人飞机开展不取酬的飞行活动。

4. 商用飞行

该类飞行以获取报酬为目的，为他人提供航空器驾驶及衍生服务。最典型的商用飞行就是为公共出行提供的航线运输服务。此外，还有通用航空的作业飞行、飞行训练等。

8.3　飞行执照

飞行执照是由国家民航主管部门正式签发，准许驾驶航空器及其从事相应飞行活动的资格证明。由于飞行活动种类不同，航空器类型多样，各个国家对飞行执照的管理也是不同的。比如，美国联邦航空局（FAA）按照学生驾驶员执照、运动驾驶员执照、私用驾驶员执照、商用驾驶员执照、航线驾驶员执照、旋翼机驾驶员执照、滑翔机驾驶员执照、遥控飞行执照（2016年开始颁发）、教练员执照等分类，图8-1所示为我国民用航空器驾驶员执照的样式图。

图8-1　飞行执照样式图

8.3.1　飞行执照种类

根据2018年修订的《民用航空器驾驶员合格审定规则》（CCAR-61-R5）的相关规定，我国的飞行执照主要分为六类：学生驾驶员执照、运动驾驶员执照、私用驾驶员执照、商用驾驶员执照、飞机类别多人制机组驾驶员执照、航线运输驾驶员执照。

1. 学生驾驶员执照

学生驾驶员执照是除运动员驾驶执照之外的飞行执照拟获取人，在正式取得飞行执照之前，为了获得并提高飞行技术而取得的航空器驾驶员资格。相关规章对学生驾驶员执照持有人的驾驶行为做出一般限制。

（1）学生驾驶员不得从事下列行为。

①在载运旅客的航空器上担任机长；

②以取酬为目的在载运货物的航空器上担任机长；

③为获取酬金而担任航空器机长；

④在空中或地面能见度白天小于5千米、夜间小于8千米的飞行中担任航空器机长；

⑤在不能目视参照地标的飞行中担任航空器机长；

⑥在违背授权教员对于该驾驶员飞行经历记录本中签注的限制的情况下担任航空器机长。

（2）学生驾驶员不得在航空器型号合格审定或实施该飞行所依据的规章要求配备一名以上驾驶员的任何航空器上担任飞行机组必需成员，但在飞艇或小型飞艇上接受授权教员的飞行教学，并且该航空器上除飞行机组必需成员外没有任何其他人员时除外。

2. 运动驾驶员执照（Sport Pilot License, SPL）

运动驾驶员执照特许准予驾驶运动航空器，图8-2所示为某机构开展运动驾驶执照培训的场景图。按照2018年修订的《民用航空器驾驶员合格审定规则》（CCAR-61-R5），运动驾驶员执照持有人的权利和限制如下。

（1）运动驾驶员执照持有人可以在相应类别和级别等级的航空器上担任机长。

（2）如滑翔机载运乘客，运动驾驶员执照持有人在取得滑翔机类别等级后，应当再建立不少于10小时的飞行经历时间。

（3）以取酬为目的在经营性运行的航空器上担任机长，或为获取酬金在航空器上担任机长，运动驾驶员执照持有人应具有不少于35小时的飞行经历时间，其中20小时作为本类别和级别（如适用）航空器驾驶员的飞行经历时间。

（4）未满18周岁的运动驾驶员执照持有人，不得在以取酬为目的的航空器上担任机长。

（5）运动驾驶员执照持有人不得从事商业航空运输运行。

（6）运动驾驶员执照持有人禁止在自由气球上实施夜间飞行。

（7）初级飞机类别等级持有人可以在最大起飞重量不大于1200千克且旅客座位数不大于4个座位（含驾驶员座位）的活塞式发动机驱动的单发飞机上担任机长，但不得以取酬为目的在经营性运行的单发飞机上担任机长，也不得为获取酬金在单发飞机上担任机长。

图8-2　某机构开展运动驾驶执照培训

3. 私用驾驶员执照（Private Pilot License, PPL）

私用驾驶员执照持有人，准予从事不以取酬为目的的航空器驾驶活动。按照相关规章，私用驾驶员执照持有人的权利和限制如下。

（1）私用驾驶员执照持有人可以不以取酬为目的在非经营性运行的相应航空器上担任机长或者副驾驶。

（2）私用驾驶员执照持有人不得以取酬为目的在经营性运行的航空器上担任机长或副驾驶，也不得为获取酬金而在航空器上担任飞行机组必需成员。

4. 商用驾驶员执照 (Commercial Pilot License, CPL)

商用驾驶员执照持有人,准予驾驶航空器从事以取酬为目的的飞行活动。按照相关规章,商用驾驶员执照持有人的权利和限制如下。

(1) 商用驾驶员执照持有人具有下列权利。

①行使相应的私用驾驶员执照持有人的所有权利。

②在以取酬为目的经营性运行的航空器上担任机长或副驾驶,但不得在相应运行规章要求机长应当具有航线运输驾驶员执照的运行中担任机长;

③为获取酬金而担任机长或副驾驶。

(2) 限制:带有飞机类别等级的商用驾驶员执照持有人如未持有同一类别和级别的仪表等级,局方将在其执照上签注"禁止在飞机转场飞行中为获取酬金而载运旅客"。当该执照持有人满足了《民用航空器驾驶员合格审定规则》(CCAR-61-R5) 第61.83条与其商用驾驶员执照为同一类别和级别的仪表等级要求时,局方可以撤销这一限制。

(3) 在下列情形下,执照持有人不再具有按照《民用航空器驾驶员合格审定规则》(CCAR-61-R5) 颁发的商用驾驶员执照权利。

①执照持有人由于故意行为,致使公共财产、国家和人民利益遭受重大损失的:造成死亡1人以上,或者重伤3人以上的;造成公共财产直接经济损失30万元以上,或者直接经济损失不满30万元,但间接经济损失150万元以上的;严重损害国家声誉,或者造成恶劣社会影响的;其他致使公共财产、国家和人民利益遭受重大损失的情形;

②执照持有人在事故和事故征候调查期间,故意隐瞒事实、伪造证据或销毁证据的;

③被追究刑事责任的。

5. 飞机类别多人制机组驾驶员执照(Multi Pilot License, MPL)

多人制机组驾驶员执照是为了以获得航线运输驾驶员执照为目的的一类人员而设计的过渡性执照。按照相关规章,多人制机组驾驶员执照持有人的权利和限制如下。

(1)行使飞机类别的私用驾驶员执照持有人的所有权利。

(2)在多人制机组运行中行使飞机类别仪表等级的权利。

(3)在其执照签注型别等级的飞机上行使副驾驶权利。

(4)在单驾驶员运行的飞机中行使商用驾驶员执照权利之前,执照持有人应当符合规定的与飞机类别相应的商用驾驶员执照飞行经历和飞行技能要求,并取得按照《民用航空器驾驶员合格审定规则》(CCAR-61-R5)颁发的商用驾驶员执照。

(5)在单人操纵的航空器上,行使仪表等级权利应当完成附加训练。

(6)在下列情形下,执照持有人不再具有按照《民用航空器驾驶员合格审定规则》(CCAR-61-R5)颁发的多人制机组驾驶员执照权利。

①执照持有人由于故意行为,致使公共财产、国家和人民利益遭受重大损失的:造成死亡1人以上,或者重伤3人以上的;造成公共财产直接经济损失30万元以上,或者直接经济损失不满30万元,但间接经济损失150万元以上的;严重损害国家声誉,或者造成恶劣社会影响的;其他致使公共财产、国家和人民利益遭受重大损失的情形;

②执照持有人在事故和事故征候调查期间,故意隐瞒事实、伪造证据或销毁证据的;

③被追究刑事责任的。

6. 航线运输驾驶员执照(Airline Transport Pilot License, ATPL)

航线运输驾驶员执照持有人,准予驾驶航空器从事以取酬为目的的公共航空运输飞行活动，图8-3所示为开展航线运输驾驶员执照培训的场景图。

图8-3　航线运输驾驶执照培训

按照相关规章，航线运输驾驶员执照持有人的权利和限制如下。

（1）航线运输驾驶员可以行使相应的私用和商用驾驶员执照以及仪表等级的权利。

（2）航线运输驾驶员可以在从事公共航空运输的航空器上担任机长和副驾驶。

（3）如果飞机类别的航线运输驾驶员执照持有人以前仅持有多人制机组驾驶员执照，除非其飞行经历已满足《民用航空器驾驶员合格审定规则》（CCAR-61-R5）中对在单驾驶员运行的飞机中行使商用驾驶员执照权利的所有要求，否则在其执照的多发飞机等级上签注"仅限于多人制机组运行"。

（4）在下列情形下，执照持有人不再具有按照本规则颁发的航线运输驾驶员执照权利以及商用驾驶员执照或多人制机组驾驶员执照权利。

①执照持有人由于故意行为，致使公共财产、国家和人民利益遭受重大损失的：造成死亡1人以上，或者重伤3人以上的；造成公共财产直接经济损失30万元以上，或者直接经济损失不满30万元，但间接经济损失150万元以

上的；严重损害国家声誉，或者造成恶劣社会影响的；其他致使公共财产、国家和人民利益遭受重大损失的情形；

②执照持有人在事故和事故征候调查期间，故意隐瞒事实、伪造证据或销毁证据的；

③被追究刑事责任的。

（5）在下列情形下，执照持有人不再具有按照《民用航空器驾驶员合格审定规则》（CCAR-61-R5）颁发的航线运输驾驶员执照权利，并不得在从事公共航空运输的航空器上担任机长和副驾驶。

①执照持有人被认定为特别重大或重大飞行事故责任人；

②执照持有人被认定为较大飞行事故责任人；

③执照持有人被认定为一般飞行事故责任人。

※ 学习记忆点：飞行执照的种类

　　我国的飞行执照主要分为六类：学生驾驶员执照、运动驾驶员执照、私用驾驶员执照、商用驾驶员执照、飞机类别多人制机组驾驶员执照、航线运输驾驶员执照。

8.3.2　飞行执照等级

由于航空器类型多样（如有飞机、滑翔机、直升机等），而同一类航空器中又由于级别、型号、发动机数量等也存在差异，使得飞行执照也需要按照不同等级进行分类管理。

1. 运动驾驶员执照等级

《民用航空器驾驶员合格审定规则》（CCAR-61-R5）规定，运动驾驶员执照上签注下列相应的等级。

（1）航空器类别等级：初级飞机；自转旋翼机；滑翔机；自由气球；小型飞艇。

（2）航空器级别等级：初级飞机级别等级。陆地；水上。其他航空器级别等级未划分。

（3）教员等级：运动教员。初级飞机；自转旋翼机；滑翔机；自由气球；小型飞艇。

2. 私用、商用和航线运输驾驶员执照等级

民航相关规章对私用驾驶员执照、商用驾驶员执照和航线运输驾驶员执照相应等级做出如下规定。

（1）航空器类别等级：飞机；直升机；飞艇；倾转旋翼机。

（2）航空器级别等级：飞机级别等级。单发陆地；多发陆地；单发水上；多发水上。

（3）航空器型别等级：

①审定为最大起飞全重在5700千克以上的飞机；

②审定为最大起飞全重在3180千克以上的直升机和倾转旋翼机；

③涡轮喷气动力的飞机；

④局方通过型号合格审定程序确定需要型别等级的其他航空器。

3. 仪表等级（仅用于私用和商用驾驶员执照）

对于私用和商用驾驶员执照的仪表等级，相关规章划分为四类。

（1）仪表—飞机。

（2）仪表—直升机。

（3）仪表—飞艇。

（4）仪表—倾转旋翼机。

4. 多人制机组驾驶员执照等级

民航相关规章对多人制机组驾驶员执照相应等级做出如下规定。

（1）航空器类别等级：飞机。

（2）航空器级别等级：多发陆地。

（3）航空器型别等级（仅限副驾驶）。

5. 教员等级（仅用于商用和航线运输驾驶员执照）

民航相关规章对用于商用和航线运输驾驶员执照的教员等级进行规定。

（1）基础教员：单发飞机；多发飞机；直升机；飞艇；倾转旋翼机。

（2）仪表教员：仪表—飞机；仪表—直升机；仪表—飞艇；仪表—倾转旋翼机。

（3）型别教员。

8.3.3　飞行执照获取基础条件

驾驶航空器飞行是一种需要良好的身心基础和一定专业能力的技能，而且需要经过相当严格的训练。

1. 基本条件

根据《民用航空器驾驶员合格审定规则》（CCAR-61-R5）和《民用航空人员体检合格证管理规则》（CCAR-67FS-R3）的相关规定，对于不同的飞行执照，对申请人的年龄、品行、语言能力、受教育程度、体检标准等提出了不同的要求。

（1）学生驾驶员执照

①年满16周岁。

②5年内无犯罪记录。

③能正确读、听、说、写汉语，无影响双向无线电通话的口音和口吃。申

请人因某种原因不能满足部分要求的，局方应当在其执照上签注必要的运行限制。

④持有局方颁发的现行有效Ⅱ级或者Ⅰ级体检合格证。

为取得运动驾驶员执照的学生驾驶员应符合下列条件。

①年满16周岁，但仅申请操作滑翔机或自由气球的为年满14周岁。

②5年内无犯罪记录。

③能正确读、听、说、写汉语，无影响双向无线电通话的口音和口吃。申请人因某种原因不能满足部分要求的，应申请学生驾驶员执照，并由局方在其执照上签注必要的运行限制。

④持有局方颁发的现行有效体检合格证。

申请运动驾驶员执照的学生驾驶员，无须办理学生驾驶员执照，但须遵守本章对学生驾驶员的单飞要求及一般限制。

（2）运动驾驶员执照

①年满17周岁，但仅申请操作滑翔机或自由气球的为年满16周岁。

②5年内无犯罪记录。

③能正确读、听、说、写汉语，无影响双向无线电通话的口音和口吃。申请人因某种原因不能满足部分要求的，局方应当在其执照上签注必要的运行限制。

④具有初中或者初中以上文化程度。

⑤持有局方颁发的现行有效体检合格证。

根据《民用航空人员体检合格证管理规则》（CCAR-67FS-R3）相关规定，对于运动驾驶员执照持有人或者申请人，持有公安部门颁发的现行有效的中华人民共和国机动车驾驶证（残疾人专用小型自动挡载客汽车驾驶证除外）且持续符合机动车驾驶证体检合格要求的，可以替代在境内运行时本规则中要求的体检合格证。

（3）私用驾驶员执照

①年满17周岁。

②5年内无犯罪记录。

③能正确读、听、说、写汉语，无影响双向无线电通话的口音和口吃。申请人因某种原因不能满足部分要求的，局方应当在其执照上签注必要的运行限制。

④具有初中或者初中以上文化程度。

⑤持有局方颁发的现行有效Ⅱ级或者Ⅰ级体检合格证。

（4）商用驾驶员执照

①年满18周岁。

②无犯罪记录。

③能正确读、听、说、写汉语，无影响双向无线电通话的口音和口吃。申请人因某种原因不能满足部分要求的，局方应当在其执照上签注必要的运行限制。

④具有高中或者高中以上文化程度。

⑤持有局方颁发的有效Ⅰ级体检合格证。

⑥至少持有私用驾驶员执照。

（5）飞机类别多人制机组驾驶员执照

①年满18周岁。

②无犯罪记录。

③能正确读、听、说、写汉语，无影响双向无线电通话的口音和口吃。申请人因某种原因不能满足部分要求的，局方应当在其执照上签注必要的运行限制。

④具有大学本科或大学本科以上文化程度。

⑤持有局方颁发的有效Ⅰ级体检合格证。

⑥持有私用驾驶员执照。

⑦通过 ICAO 英语无线电通信 3 级或 3 级以上等级考试。

（6）航线运输驾驶员执照

①年满21周岁。

②无犯罪记录。

③能正确读、听、说、写汉语，无影响双向无线电通话的口音和口吃。申请人因某种原因不能满足部分要求的，局方应当在其执照上签注必要的运行限制。

④具有高中或高中以上文化程度。

⑤持有局方颁发的有效Ⅰ级体检合格证。

⑥持有商用驾驶员执照和仪表等级或持有多人制机组驾驶员执照。

※ **学习记忆点：年满17周岁就可以申请商用驾驶执照吗？**

错误。年满18周岁才可以申请商用驾驶执照。

2. 专业条件

在具备了一些基本条件后，飞行执照申请人要想正式获取执照，还要经过一系列训练满足专业方面的条件。概括起来，这些专业条件主要包括航空知识、飞行技能和飞行经历三个方面的内容。

（1）航空知识

对于一名飞行员来讲，需要具备一定的航空器驾驶的相关专业知识能力，而且根据驾驶航空器的种类、等级等不同，还需要储备专门知识，或者不断增强新的航空知识储备。作为一名成熟的飞行员，一方面要通过不断学习和评估强化知识储备；另一方面还要根据航空技术的发展进步不断更新自己的知识储备。由于航空知识涉及内容比较多，为了便于阐述，一般将驾驶航空器的知识按照人、机、环境三大方面进行说明。在航空航天领域，已有很多研究学者开展专门的人—机—环境系统工程研究。

①人：飞行员生理与心智方面的知识

围绕着航空器飞行和驾驶这个特殊的环境，人的因素是十分关键的。从系统工程的视角来看，在这个特殊环境中，人的基本素质、工作能力及体力脑力心理负荷、可靠性等都是影响飞行安全和可持续性的重要因素。因此，飞行员不但要掌握飞行技能，还要掌握关于生理机能、心理健康、应激处置、团队协作、人机协同等方面的知识。在民航规章中，明确列出人的因素相关知识内容。

②机：航空器相关的知识

想成为一名合格的飞行员，首先要了解航空器及其相关的知识，包括飞机的一般知识、飞机性能、计划和装载、飞行原理等内容。这些知识可以帮助飞行员更好地理解驾驶操作动作与航空器运行之间的关系，掌控航空器飞行性能，提升驾驶的稳定性、安全性和可靠性。

③环境：飞行环境相关的知识

我们在前面章节中对航空器飞行的大气环境、机场环境及飞行规则等进行了系统阐述。为了更好地开展飞行活动，飞行员需要掌握航空规章、空中管制、机场及其飞行管制、航空气象等方面的知识。

④民航规章中关于航空知识的具体表述示例

在民航规章《民用航空器驾驶员合格审定规则》（CCAR-61-R5）中，第61.115、61.125、61.155、61.176、61.185等章节对不同类型的飞行驾驶执照提出对应的航空知识要求，涵盖了"人—机—环境"三方面的内容。

示例1：规章中第61.115条对运动驾驶员航空知识提出如下要求。

申请人应当接受并记录授权教员提供的地面训练，完成下列与所申请航空器等级相应的地面训练科目或者自学课程。

航空法规：与运动驾驶员权利、限制和飞行运行有关的涉及民航管理的规章。

初级飞机、飞艇、自转旋翼机、滑翔机、自由气球的一般知识：动力装置、系统和仪表的工作原理及其功能；有关类别航空器和动力装置的使用限制，飞行手册或其他相应文件中的有关操作资料；对于自转旋翼机，传动装置（传动齿轮系）（如适用）；对于飞艇，气体的物理特性与实际应用。

飞行性能、计划和装载：装载及重量分布对飞行特性的影响、重量和平衡计算；起飞、着陆和其他性能数据的使用与实际运用；相应航空器安全有效地运行，包括飞行活动高密度机场的飞行、防撞、避免尾流颠簸以及无线电通信程序，夜间运行。

人的行为能力：人的行为能力，包括威胁和差错管理的原则。

气象学：包括识别临界天气状况，避让风切变，获得气象资料的程序以及航空天气报告和预报的使用。

领航：包括航图和磁罗盘的使用，地标和推测领航，目视飞行规则（VFR）飞行，航行设施的使用及机载领航设备的操作。

操作程序：在操作表现方面运用威胁和差错管理；高度表拨正程序；航空文件，如《航行资料汇编》《航行通告》《航空代码及缩略语》的使用；适当的预防程序和应急程序，包括为避让危险天气、尾流和其他运行危险所采取的行动；对于自转旋翼机（如适用），带油门的缓慢垂直下降；地面共振；后行桨叶失速；动力侧滚翻转和其他操作危险；与目视气象条件飞行相关的安全程序；对于初级飞机和滑翔机类别等级，还要求失速识别、螺旋进入与改出技术；对于滑翔机，不同的牵引起飞方法与相关程序。

飞行原理：飞行原理。

无线电通话：适用于目视飞行规则运行的通信程序和用语；如遇通信故障应采取的行动。

示例2：规章中第61.125条对私用驾驶员航空知识提出如下要求。

航空法规：与私用驾驶员执照持有人有关的规章条例；飞行规则；高度表拨正程序；相应的空中交通服务措施和程序。

飞机、飞艇、直升机和倾转旋翼机类航空器的一般知识：动力装置、系统和仪表的工作原理及其功能；有关类别航空器和动力装置的使用限制；飞行手册或其他相应文件中的有关操作资料；对于直升机和倾转旋翼机，传动装置（传动齿轮系）（如适用）；对于飞艇，气体的物理特性与实际应用。

飞行性能、计划和装载：装载及重量分布对飞行特性的影响；重量和平衡计算；起飞、着陆和其他性能数据的使用与实际运用；适合于按照目视飞行规则私人运行的飞行前准备和航路飞行计划；空中交通服务飞行计划的准备和申报；相应的空中交通服务程序；位置报告程序；高度表拨正程序；交通密集区的运行。

人的行为能力：人的行为能力，包括威胁和差错管理的原则。

气象学：初级航空气象学的应用；气象资料的使用和获得气象资料的程序；测高法；危险气象条件。

领航：空中领航和推测领航技术的实践；航图的使用。

操作程序：在操作表现方面运用威胁和差错管理；高度表拨正程序；航空文件，如《航行资料汇编》《航行通告》《航空代码及缩略语》的使用；适当的预防程序和应急程序，包括为避让危险天气、尾流和其他运行危险所采取的行动；对于直升机和倾转旋翼机（如适用），带油门的缓慢垂直下降；地面共振；后行桨叶失速；动力侧滚翻转和其他操作危险；与目视气象条件飞行相关的安全程序。

飞行原理：飞行原理。

无线电通话：适用于目视飞行规则运行的通信程序和用语；如遇通信故障应采取的行动。

（2）飞行技能

飞行技能是飞行员所具有的驾驶航空器的技术和能力。在民航规章中，对于不同的驾驶执照类型提出相应的飞行技能要求。本书中节选了对运动驾驶员、私用驾驶员的飞行技能要求。

①对于运动驾驶员，飞行技能要求如下。

申请人应当至少在下列操作上接受并记录了授权教员提供的针对所申请航空器等级的地面和飞行训练。

对于初级飞机类别等级：飞机的组装、拆卸和油料配置；飞行前准备，包括重量和平衡计算，起飞前检查，发动机的使用；机场和起落航线的运行，包括在管制机场操作，无线电通信，防撞措施及避免尾流颠簸；参照外部目视参考的机动飞行；以临界小速度飞行，判断并改出从直线飞行和从转弯中进入的临界失速及失速；起飞、着陆和复飞，包括正常、侧风、短小和松软跑道的起飞与着陆，以及最大性能起飞和着陆；使用地标领航和推测领航的转场飞行；水上操作（如适用）；应急操作，包括模拟的航空器系统和设备故障；高度50米以下机动飞行的规则和方法；关闭发动机或者模拟关闭发动机后的转弯、下滑和着陆的操纵方法。

对于自转旋翼机类别等级：飞行前操作，包括起飞前检查，自转旋翼机勤务、重量和平衡计算、动力装置和航空器各系统的使用；参照外部目视参考的机动飞行；以临界小速度机动飞行，对小速度大下降率状态的判断和改出；机场和起落航线的运行，包括防撞措施、空中交通管制程序和无线电通信程序；使用地标领航、推测领航和无线电导航设备转场飞行；应急程序，包括最大性能起飞和着陆。

对于滑翔机类别等级：飞行前操作，包括安装、拆卸以及起飞前检查；所使用的牵引起飞方式的技术和程序，包括适当的空速限制、应急程序和使用的信号；起落航线运行，防撞措施和程序；参照外部目视参考操纵滑翔机；在整个飞行包线内飞行；识别并从临界失速、失速、螺旋和急盘旋下降中改出；正常和侧风牵引起飞、进近和着陆；使用目视参考和推测领航进行转场飞行；应急程序。

对于小型飞艇类别等级：地面操作，包括系留、装配和飞行前准备；正常起飞、着陆与复飞，双向无线电通信和防撞措施；平直飞行、上升、转弯和下降；参照外部目视参考的机动飞行；使用地标领航、推测领航和无线电导航设备航行；模拟的应急情况，包括设备、气体活门故障和发动机失去功率。

对于自由气球类别等级：飞行前操作，包括自由气球组装、索具调整、充气、系留和检查；气球放飞和上升技术与程序，包括适当的限制、应急程序和所用信号；防撞措施；参照外部目视参考操纵自由气球；快速下降的识别和改出；使用目视参考和推测领航飞行；进近到着陆，包括地面操纵；应急程序。

②对于飞机类别等级的私用驾驶员，飞行技能要求如下。

威胁和差错的识别和管理；飞行前操作，包括重量和平衡计算，起飞前检查，飞机勤务和发动机使用；机场和起落航线的运行，包括在管制机场操作、无线电通信、防撞措施及避免尾流颠簸；参照外部目视参考的机动飞行；临界小速度飞行，判断并改出从直线飞行和从转弯中进入的临界失速及失速；临界大速度飞行，急盘旋下降的识别和改出；正常及侧风起飞、着陆和复飞；最大性能（短跑道和越障）起飞，短跑道着陆；仅参照仪表飞行，包括完成180度水平转弯；使用地标领航、推测领航和无线电导航设备的转场飞行；夜间飞行，包括起飞、着陆和目视飞行规则（VFR）航行；多发或者水上飞机的操作（如适用）；应急操作，包括模拟的航空器系统和设备故障；按照空中交通管制程序、无线电通信程序和用语飞往管制机场着陆、飞越管制机场和从管制机场起飞。

③对于直升机类别等级的私用驾驶员，飞行技能要求如下。

识别并且管理威胁和差错；飞行前操作，包括重量和平衡的计算、起飞前检查、直升机勤务和发动机使用；悬停、空中飞移和参照外部目视参考的机动飞行；机场和起落航线的运行，包括无线电通信、防撞措施和避免尾流颠簸；从涡环的初始阶段中改出，在发动机转速正常范围内从低旋翼转速改出的技术；使用地标领航、推测领航和无线电导航设备的转场飞行；起飞、着陆和复飞，包括正常、有风和倾斜地面的起飞和着陆；以所需最小动力起飞和着陆，最大性能起飞和着陆，受限制区域内的运行，快速减速；夜间飞行，包括起飞、着陆和目视飞行规则（VFR）航行；模拟的应急程序，包括航空器和设备故障，在多发直升机上以一台发动机失去功率进近到悬停或着陆，或者在单发直升机上自转进近并着陆；按照空中交通管制程序、无线电通信程序和用语飞往管制机场着陆、飞越管制机场和从管制机场起飞。

（3）飞行经历

飞行经历是指飞行员实际驾驶航空器所经历的历程。在民航规章《民用航空器驾驶员合格审定规则》（CCAR-61-R5）中，对不同的驾驶执照提出相应的飞行经历要求。本文中节选了运动驾驶员、飞机类别驾驶员的飞行经历要求。

①运动驾驶员的飞行经历要求

A.初级飞机类别等级的运动驾驶员执照申请人应当在有动力的航空器上有至少30小时的驾驶员飞行经历时间，其中包括按照CCAR-61-R5的61.117条飞行技能要求在相应级别的初级飞机或者飞机上由授权教员提供的至少15小时带飞训练（其中可以包括不多于2小时的飞行模拟机或者飞行训练器上的飞行训练时间）和5小时在相应级别的初级飞机或者飞机上的单飞时间。

由授权教员提供的带飞训练至少包括：2小时转场飞行训练。不能满足本要求的，局方将在其驾驶员执照上签注"禁止转场飞行"。3小时的初级飞机夜间飞行训练，包括10次起飞和着陆。不能满足本要求的，局方将在其驾驶员执照上签注"禁止夜间飞行"。

5小时初级飞机上的单飞时间，至少包括3次起飞、3次全停着陆和1次总距离至少为120千米（65海里）的转场单飞。不能满足转场单飞要求的，局方将在其驾驶员执照上签注"禁止转场飞行"。

B. 自转旋翼机类别等级的运动驾驶员执照申请人应当在有动力的航空器上有至少40小时的驾驶员飞行经历时间，其中包括按照CCAR-61-R5的61.117条的飞行技能要求，在自转旋翼机上由授权教员提供的至少20小时带飞训练（其中可以包括不多于2小时的飞行模拟机或飞行训练器上的飞行训练时间）和5小时自转旋翼机单飞时间。

由授权教员提供的带飞训练至少包括：2小时转场飞行训练。不能满足本要求的，局方将在其驾驶员执照上签注"禁止转场飞行"；3小时的自转旋翼机夜间飞行训练，包括10次起飞和着陆。不能满足本要求的，局方将在其驾驶员执照上签注"禁止夜间飞行"。

5小时自转旋翼机上的单飞时间，至少包括3次起飞、3次全停着陆和一次总距离至少为50千米的转场单飞。不能满足转场单飞要求的，局方将在其驾驶员执照上签注"禁止转场飞行"。

C. 滑翔机类别等级运动驾驶员执照申请人。

如果在重于空气航空器上作为驾驶员的飞行经历时间不足40小时，则申请人应当按照CCAR-61-R5的61.117的飞行技能要求在滑翔机上完成至少10小时飞行时间，该时间应当至少包括：20次滑翔机飞行，包括在滑翔机上由授权教员提供的、为实践考试做准备的至少3次飞行训练，该训练应当在考试日期前60天内完成。2小时滑翔机单飞，其中应当完成至少10次起飞和着陆。

如果在重于空气航空器上作为驾驶员的飞行经历时间不少于40小时，则申请人应当按照CCAR-61-R5的61.117的飞行技能要求在滑翔机上完成至少3小时飞行时间。该时间应当至少包括：10次滑翔机单飞；在滑翔机上由授权教员提供的、为实践考试做准备的3次飞行训练，该训练应当在考试日期前60天内完成。

在滑翔机上担任机长的驾驶员应当完成下列相应附加训练：使用地面牵引程序。该驾驶员已经完成地面牵引程序及其操作的地面和飞行训练，并得到授权教员的签字，证明其能够合格进行地面牵引程序及其操作；使用空中牵引程序。该驾驶员已经完成空中牵引程序及其操作的地面和飞行训练，并得到授权教员的签字，证明其能够合格进行空中牵引程序及其操作；使用自行起飞程序。该驾驶员已经完成自行起飞程序及其操作的地面和飞行训练，并得到授权教员的签字，证明其能够合格进行自行起飞程序及其操作。

D. 小型飞艇类别等级的运动驾驶员执照申请人按照CCAR-61-R5的61.117条的飞行技能要求在小型飞艇或自由气球上接受至少20小时的飞行训练（其中在小型飞艇上的带飞训练时间至少为10小时），该飞行训练内容应至少包括以下。

3小时转场飞行训练。

3小时小型飞艇夜间飞行训练，包括5次起飞和5次全停着陆。如不满足本要求，局方将在其驾驶员执照上签注"禁止夜间飞行"。

2小时为小型飞艇实践考试做准备的飞行训练，该训练应当在考试日期前

60天内完成。

5小时在小型飞艇上履行机长职责的时间。

E. 自由气球类别等级的运动驾驶员执照申请人应当完成至少16小时作为自由气球驾驶员的飞行经历时间，至少包括8次气球放飞和上升，其中一次为上升至高于起飞点600米的飞行，以及一次单飞。

②飞机类别驾驶员的飞行经历要求

A. 飞机类别单发级别等级的私用驾驶员执照申请人应当在初级飞机或者飞机上有至少40小时的驾驶员飞行经历时间，其中包括按照CCAR-61-R5的61.127条的飞行技能要求，在初级飞机或者单发飞机上由授权教员提供的至少20小时飞行训练（其中可以包括不多于2.5小时的飞行模拟机或者飞行训练器上的飞行训练时间）和10小时单飞训练，该训练至少包括以下。

3小时初级飞机或者单发飞机转场飞行训练。

3小时的初级飞机或者单发飞机夜间飞行训练，包括10次起飞和着陆，以及一次总飞行距离超过180千米的转场飞行。不能满足本要求的，局方将在其驾驶员执照上签注"禁止夜间飞行"。

至少3小时初级飞机或者单发飞机仪表飞行训练，包括仅参考仪表进行平飞、上升、下降、转弯、从不正常姿态中改出，以及无线电通信、导航设备的使用和空中交通管制程序。

4小时为初级飞机或者单发飞机实践考试做准备的飞行训练，该训练应当在考试日期前60天内完成。

10小时初级飞机或者单发飞机单飞时间，至少包括：5小时转场单飞时间；一次总距离至少为270千米的转场单飞，在至少两个着陆点作全停着陆，其中一个航段的起飞和着陆地点之间的直线距离至少为90千米；在具有飞行管制塔台的机场作3次起飞和3次全停着陆。

B. 飞机类别多发级别等级的私用驾驶员执照申请人应当在初级飞机或者飞机上有至少40小时的驾驶员飞行经历时间，其中包括按照CCAR-61-R5的61.127条的飞行技能要求，在多发飞机上由授权教员提供的至少20小时飞行训练（其中可以包括不多于2.5小时的飞行模拟机或飞行训练器上的飞行训练时间）和10小时单飞训练，该训练至少包括以下。

3小时多发飞机转场飞行训练。

3小时多发飞机夜间飞行训练，包括10次起飞和着陆，以及一次总飞行距离超过180千米的转场飞行。不能满足本要求的，局方将在其驾驶员执照上签注"禁止夜间飞行"。

至少3小时多发飞机仪表飞行训练，包括仅参考仪表进行平飞、上升、下降、转弯、从不正常姿态中改出，以及无线电通信、导航设备的使用和空中交通管制程序。

3小时为多发飞机实践考试做准备的飞行训练，该训练应当在考试日期前60天内完成。

10小时多发飞机单飞时间，至少包括：5小时转场单飞时间；一次总距离至少为270千米的转场单飞，在至少两个着陆点作全停着陆，其中一个航段的起飞和着陆地点之间的直线距离至少为90千米；在具有飞行管制塔台的机场作3次起飞和3次全停着陆。

C. 持有直升机、倾转旋翼机、滑翔机和初级飞机等级的执照申请人，其原飞行经历可以折算10小时，计入本条要求的飞行经历时间；持有飞机类别等级的执照持有人，其原飞行经历可以折算20小时，计入本条款要求的飞行经历时间，其中最多可以包括10小时飞行训练时间。

※ 学习记忆点：获取飞行执照的专业条件

> 获取飞行执照的专业条件主要有三个方面：航空知识、飞行技能和飞行经历。

8.3.4　飞行执照获取基本程序

由于驾驶航空器是一项复杂的人类活动，因此，获取飞行执照需要遵循由易到难、由低级到高级的顺序。

一般来说，一名飞行执照申请人，在符合基本的年龄、心智、品行、语言能力、受教育程度和体检条件后，从取得学生驾驶员执照开始，通过系统的理论学习和考核、飞行训练和考核，不断积累一定的飞行技术和经历，依次获得私用驾驶员执照、商用驾驶员执照、航线运输驾驶员执照及其需要的相关等级。

以同学们比较关注的高考招飞及入校培养为例。

（1）注册报名：首先，有兴趣报考的同学要根据民航飞行员招飞条件进行自我评估，符合条件的同学在指定的招飞系统注册报名。

（2）初检、体检及资格确认：报名成功后，经过初检以及民航指定机构的专业体检合格后，经再次确认，具备"有效招飞申请"资格，将可以作为高考考生报考飞行技术专业。

（3）志愿选择及背景调查：根据自己的实际情况，在指定系统选择自己心仪的航空院校的飞行技术专业作为高考志愿。之后，相关航空院校或航空公司将派员进行背景调查。

（4）高考及录取：高考之后，相关航空院校对符合招飞条件的考生按照招生名额和高考成绩进行录取。

（5）公共基础和理论知识学习：进入航空院校后，按照飞行技术专业的培养计划，开展为期1.5至2年的公共基础课、航空相关的专业课程学习。期间，要开展一定的体能训练并定期开展体检。

（6）飞行训练：在理论学习合格之后，学员要到指定的飞行训练机构，按照飞行训练计划开展相应时间的训练，其中包括飞行理论考核、本场飞行、单飞、转场飞行等，以获得一定的飞行技术和经历，从而先后获得私用、商用驾驶员执照和仪表等级，以及高性能飞机考核合格证书。如果是从国外的飞行学校获取的飞行执照，回国后还要进行换照考试，以获得中国民航局颁发的相应执照。

（7）毕业设计及岗前培训：获取相应执照和证书后，按照相关航空院校的培养计划，学员还需完成毕业设计，以满足获取学位学历证书的要求。同时，学员也可以到航空公司进行岗前实习培训。

（8）毕业及入职：在满足相关航空院校飞行技术专业的培养计划要求后，学员将持院校的学位学历证书及相关的飞行执照、合格证书等赴航空公司正式入职。

此外，以驾驶自己的私用航空器为目标，获取执照的基本程序是：学生驾驶员执照—私用驾驶员执照—所需要的等级（例如飞机/直升机/飞艇等级、飞机单发/多发等）。

※ **学习记忆点：未取得私照的情况下可以获取商照吗？**

一般情况下，至少要持有私用驾驶执照，才可以按规章中商用驾驶执照的相关要求申请商用驾驶执照。

8.4　飞行培训机构

飞行培训机构是飞行培训培养的基础平台。

从培训机构类型来看，国内飞行培训分为141部模式和61部模式。141部飞行学校是依据CCAR-141规章审定和组织培训运行的飞行培训机构，完成培训的学员主要输送到运输航空企业；61部培训机构是依据CCAR-61规章审定和组织培训运行的飞行培训机构，主要面向通用航空企业、私人航空用户和飞行爱好者，完成培训的学员主要输送到非运输航空企业。

从教育属性来看，飞行培训分为两种情况。第一种情况是纳入国家高等教育体系的学历教育学习，比如，北京航空航天大学、中国民航大学、中国民用航空飞行学院等高校开设的飞行技术四年制本科专业。另一种情况是非学历教育的社会培训机构。围绕通用航空的实际情况，本书主要介绍创建非学历教育的飞行培训机构所依据的规章和基本流程。

8.4.1　规章依据

1.国家工商管理的规章

作为社会培训机构，非学历教育的飞行培训机构首先要按照国家工商管理的相关要求，办理工商营业执照，获得企业法人资质。

2.民航规章

根据民航局2022年1月最新修订的规章，非学历教育的飞行培训机构创建和运行主要涉及《通用航空经营许可管理规定》（交通运输部令2020年第18号）、《一般运行和飞行规则》（CCAR-91-R4）、《民用航空器驾驶员合格审定规则》（CCAR-61-R5）和《民用航空器驾驶员学校合格审定规则》（CCAR-141-R3）。如果该机构涉及维修和安全信息管理资质，还要依据《民用航空器维修单位合格审定规定》（CCAR-145）和《民用航空安全信息管理规定》（CCAR-396）进行审定。

（1）《通用航空经营许可管理规定》（交通运输部令2020年第18号）

飞行培训作为通用航空的业务内容之一，首先需要遵守通用航空经营许可的相关规定。目前，最新的通用航空经营许可的规章，是2020年8月发布的《通用航空经营许可管理规定》（交通运输部令2020年第18号）。该规定在前有规章基础上，全面贯彻《国务院办公厅关于促进通用航空业发展的指导意见》（国办发［2016］38号），落实国务院深化"放管服"改革、优化营商环境等要求，进一步简化许可条件，降低市场准入门槛，着力优化营商环境，激发通用航空市场活力，促进通用航空实现高质量发展。

《通用航空经营许可管理规定》适用于中华人民共和国境内从事经营性通用航空活动企业的经营许可以及相应的监督管理。该规定对经营性通用航空活动进行类别划分，明确经营许可条件、民用航空器要求、许可办理程序、企业经营规范、监督检查及法律责任等内容，是通用航空企业经营的准入文件。

（2）《一般运行和飞行规则》（CCAR-91-R4）

《一般运行和飞行规则》（CCAR-91-R4）是在中华人民共和国境内实施运行的所有民用航空器（不包括系留气球、风筝、无人火箭、无人自由气球和民用无人驾驶航空器）应当遵守本规则中相应的飞行和运行规定，也是通用航空运行和飞行的主要依据。

《一般运行和飞行规则》（CCAR-91-R4）包含总则、飞行机组、航空器及仪表和设备要求、飞行规则、特殊的飞行运行、运输类飞机和涡轮动力多发飞机运行附加要求、航空器维修、外国民用航空器在中国境内运行和中华人民共和国国籍登记的民用航空器在境外运行、超轻型飞行器、跳伞、偏离、法律责任、附则等13个章节及术语解释附件。该规章是飞行培训机构编制运行方案的主要依据。

（3）《民用航空器驾驶员合格审定规则》（CCAR-61-R5）

《民用航空器驾驶员合格审定规则》（CCAR-61-R5）是飞行培训机构编制培训大纲的主要依据之一。该规章则适用于中国民用航空局（以下简称民航局）和民用航空地区管理局及地区管理局派出机构对民用航空器驾驶员执照的颁发与管理。同时，民用航空器驾驶员执照与等级的申请和权利行使应当遵守本规则的规定。

这部规章包含为了获得飞行执照进行训练所使用的航空器、飞行模拟机和飞行训练器，理论与实践考试标准、程序，以及各类飞行执照获取的资格条件、航空知识、飞行技能和飞行经历、权利与限制，执照申请程序及监管规范等内容。

（4）《民用航空器驾驶员学校合格审定规则》（CCAR-141-R3）

《民用航空器驾驶员学校合格审定规则》（CCAR-141-R3）适用于中华人民共和国境内民用航空器驾驶员学校合格证和相关训练规范，以及中华人民共和国境外民用航空器驾驶员学校认可证书的管理。飞行培训机构中依据CCAR-141-R3规章审定和组织培训运行的驾驶员学校，应当按照本规则进行合格审定，取得驾驶员学校合格证和相关训练规范，方可按照本规则进行民用航空器驾驶员训练。本规则不适用于涉及民航管理的规章《民用航空器驾驶员合格审定规则》（CCAR-61部）规定的运动驾驶员执照、私用驾驶员执照，以及无人驾驶航空器驾驶员执照和等级的训练。

8.4.2　培训资质获取

创建一个飞行培训机构，获得运营需要的相关资质，大体可以按照调查论证与评估、获取工商营业执照、获取经营许可证、获取运行合格证四个阶段。

1. 调查论证与评估

创建一个飞行培训机构，需要具备一定的专业资源、基础条件、资金和政策保障，比如空域资源、机场资源、一定数量的航空器，飞行教员、维修人员等专业技术人员，持续的资本投入等。因此，在准备创办飞行培训机构之前，要认真研读相关的民航规章，对照规章进行审慎的论证评估，之后再决定是否继续后续申报工作。

2. 获取工商营业执照

在评估决定创建飞行培训机构之后，要按照国家工商管理的相关要求，办理工商营业执照，获得企业法人资质。需要注意的是，从事通用航空经营活动的主体应当为企业法人，主营业务为通用航空经营项目。企业的法定代表人为中国籍公民。企业名称应当体现通用航空行业和经营特点。

3. 获取经营许可证

为了获取通用航空经营许可证，飞行培训机构要按照相关规章进行资料准备，然后通过通用航空管理系统（ga.caac.gov.cn）在线提交经营许可申请材料。民航地区管理局通过"通用航空管理系统"对申请材料进行审核，并出具受理意见。自受理之日起在20日内作出是否准予许可的决定。20日内不能做出决定的，经民航地区管理局负责人批准，可以延长10日。民航地区管理局在做出决定之日起10个工作日内向申请人颁发经营许可证，并将许可决定通过"通用航空管理系统"予以公布。如不予许可，将书面通知申请人不予许可的决定，并说明理由，同时告知申请人享有依法申请行政复议或者提起行政诉讼的权利。

申请通用航空经营许可证所需材料如下。

（1）通用航空经营许可申请书；

（2）合法占有使用民用航空器的购买或者租赁合同；

（3）民用航空器的国籍登记证、适航证和装配的机载无线电台的执照；民用无人驾驶航空器在民航局"无人机实名登记系统"中的实名登记标志；

（4）与航空器相适应的驾驶员执照证明材料；

（5）投保地面第三人责任险的投保文件或者等效证明文件；

（6）涉及外商投资企业的股东决议（含股东信息、股权比例、外商投资额等信息，如适用）；

（7）营业执照正副本复印件；

（8）企业法定代表人身份证复印件；

（9）授权委托书（如适用）；

（10）授权委托人身份证复印件（如适用）。

4. 获取运行合格证

为了获取民用航空器驾驶员学校运行许可证和运行规范，飞行培训机构要按照相关规章进行资料准备，然后登录网站（fsop.caac.gov.cn）线上提交材料。民航地区管理局收到申请后，应当在5个工作日内，作出受理或者不予受理的决定，并书面通知申请人。民航地区管理局应当自受理申请之日起20个工作日内作出合格审定的决定。对于20个工作日内不能作出决定的，经民航地区管理局负责人批准，可以延长10个工作日，并应当将延长期限的理由告知申请人。

申请民用航空器驾驶员学校所需材料如下。

（1）申请书。

（2）模块课程驾驶员学校运行文件，应当至少包括下列内容。

①驾驶员学校合法设立的营业执照等文件；

②驾驶员学校的组织职能结构；

③《民用航空器驾驶员学校合格审定规则》（CCAR-141-R3）C章第141.41条规定的人员的资格和职责；

④主运行基地的说明；

⑤实施飞行训练的主要训练机场的说明；

⑥训练课程使用航空器的说明；

⑦飞行模拟机、飞行训练器、高级航空训练设备和辅助训练装置的说明；

⑧驾驶员讲评区域、地面训练设施的说明；

⑨拟申请的训练课程一式二份，包括有关材料；

⑩运行程序和管理政策。

（3）整体课程驾驶员学校运行文件，应当至少包括下列内容。

①驾驶员学校合法设立的营业执照等文件；

②驾驶员学校的组织职能结构；

③《民用航空器驾驶员学校合格审定规则》（CCAR-141-R3）D 章第141.111 条规定的人员的资格和职责；

④主运行基地和辅助运行基地（如适用）的说明；

⑤实施飞行训练的主要训练机场的说明；

⑥训练课程使用航空器的说明；

⑦飞行模拟机、飞行训练器、高级航空训练设备和辅助训练装置的说明；

⑧驾驶员讲评区域、地面训练设施的说明；

⑨拟申请的训练课程一式二份，包括有关材料；

⑩运行程序和管理政策，包括安全程序与措施、质量管理系统等。

※ 学习记忆点：获取飞行培训机构资质的主要程序

　　为了获取飞行培训机构资质，主要分以下步骤：调查论证与评估、获取工商营业执照、获取经营许可证、获取运行合格证四个步骤。

※ 课后习题

1.狭义上讲，飞行员的概念是什么？

2.我国的飞行执照主要分为哪六类？

3.判断题：年满17周岁就可以申请商用驾驶执照。（　　）

4.获取飞行执照需要哪些专业条件？

5.判断题：一般情况下，未取得私照的情况下不可以获取商照。（　　）

6.一般情况下，获取飞行培训机构资质的主要程序有哪些？

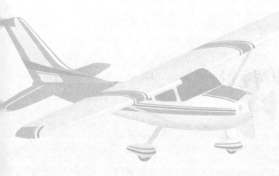

第 9 章

通用航空安全

9.1　政策背景

2015年10月，党中央在"十三五"规划建议中，将通用航空与铁路、公路等并列为国家基础设施网络之一。2015年11月，国务院在关于积极发挥新消费引领作用的重要文件中，将通用航空视为推动经济发展的新供给新动力。2016年5月，国务院办公厅出台《关于促进通用航空业发展的指导意见》，将通用航空产业定位为国家战略性新兴产业。

在2017年7月25日通用航空工作领导小组第三次全体会议上，确定了"放管结合、以放为主"的安全管理新导向。既要始终坚持"安全第一"，认识到安全是企业生存发展的前提和基础，也要理性地看待通航整体安全形势。

我国民航安全管理经历了从摸索管理、经验管理到规章管理的发展过程。从最初的照搬照抄、复制模仿，发展至现今的适合中国国情、民航发展现状的基于绩效的安全管理。正如2018年全国民航航空安全工作会议的讲话精神中所提到的：实现由他律向自律、由基于规章符合性的管理向基于安全绩效的管理转变。

在通航"放管结合、以放为主"的政策背景下，各业务部门前后出台了多个细化文件和实施方案，从经营许可、运行许可、人员资质、运行保障等主要方面放低准入门槛、灵活企业用工机制、简化流程，进而降低企业投入、缩短企业准备期、增加专业人才技术实践机会，已经取得良好的社会效益和经济效益。

※ 学习记忆点：安全管理新导向

在 2017 年 7 月 25 日通用航空工作领导小组第三次全体会议上，确定了"放管结合、以放为主"的安全管理新导向。

9.2　通用航空安全现状

中国通航从建国至今一直稳步发展，特别是近十年，更是保持着较快的发展态势，其应用领域与飞行业务量不断扩大。但是伴随着通航业务的发展，通航飞行事故也一直如影随形。

通过对以往通用航空和运输航空事故量的发展与变化的对比，可以发现以下几点。首先，通用航空无论从事故数量还是事故万时率都要远高于运输航空。其次，随着年代的推移，运输航空事故量呈现递减趋势，而通用航空事故量并没有递减，特别是从 2010 年至今，伴随着通用航空业务发展越来越广，飞行小时越来越多，事故数量也有所增加，飞行事故率并没有随着年代的推移和各项条件的成熟而有明显的下降趋势。最后，我国的通用航空事故总量变化分为三个阶段：1950 年至 1980 年、1980 年至 2005 年、2005 年至今，事故总量呈现出骤增、渐减又骤增的变化过程。

上述的三个时段对应我国通航发展的三个历史时期。1952 年至 1979 年，通用航空处于计划经济管理体制时期，民用航空为空军管理。在党和人民政府的关怀和领导下，通过苏联为首的国际援助和业务指导，经过民航系统和广大用户的共同努力，通用航空取得了很大成就，年飞行小时由959小时增加到39739小时。但在发展速度较快的同时，通用航空没有按照客观经济规律管理和发展企业，航空安全管理水平较低，航空事故总量也骤然增加。

1980年至2004年，通用航空进入市场经济管理体制时期，民用航空脱离空军建制，划归国务院直接领导，先后颁发了《关于通用航空管理的暂行规定》《关于发展通用航空若干问题的决定》等管理规定，进一步规范了通用航空的各项管理，加强了通用航空管理机构设置，改善了通用航空保障条件等方面。而该时期中国民航更加重视运输航空，政策也倾斜于运输航空，大批飞行员和机务人员被抽调到运输航空领域，从业人员开始逐渐减少，通航业务增长缓慢，年飞行小时由42792小时增加到75277小时，同时航空安全管理水平有所提高，航空事故总量逐年降低。

2005年至今，通用航空进入市场经济管理飞速发展时期，国家已充分肯定通用航空在我国产业结构、消费结构升级的重要地位，国家政策密集出台，给我国通用航空产业体量带来了极大的需求，年飞行小时也由2005年的17.64万小时（含飞行培训）增加到2019年的106.5万小时。但是通用航空在飞速发展的同时，一些通航企业管理水平不高，安全意识不强，运行环境保障低下等方面造成航空事故逐年增加，特别是近几年通航事故频发，其中仅2019年就发生通航事故15起，死亡8人，安全形势较为严峻。

正确处理好飞速发展和保证飞行安全是航空运行安全的基础工作。获得效益是任何通用航空公司永恒追求的目标，而同时航空生产运行也是与事故作斗争的过程，行业特点决定了通航公司都需要高度重视航空安全工作。提高生产效益与保证安全，是一个相互促进、相互影响的有机整体，充分认识安全是保证航空运行的必要条件，不安全事件多了，不仅会影响生产的正常进行，也失去了运营的平台，丢掉了效益的载体。安全是生产的重要因素，同时生产收益水平也是保证安全最重要的基础。因此，保持对安全与效益的正确认识，必须树立"双赢"共进的观念，把提高效益和不发生或减少不安全事件作为不懈追求的目标，既要持续提高生产效率追求最大利益，又要细致分析研究生产运营每个环节，及时发现解决制约影响安全的问题和隐患，有效化解风险。

※ 学习记忆点：通用航空和运输航空事故量的对比

> 通用航空无论从事故数量还是事故万时率都要远高于运输航空。随着年代的推移，运输航空事故量呈现递减趋势而通用航空事故量并没有递减。

9.3 通用航空安全存在的主要问题

9.3.1 人：专业技术人员/安全管理人员

通用航空的从业人员主要指专业技术人员和安全管理人员，包括飞行员、机务维修人员和航务管理人员等。根据民航局2019年公报显示，截止到2019年年底，全行业取得驾驶执照飞行员67953人，比上年年底增加6461人，其中运动驾驶员执照（SPL）1173本，私用驾驶员执照（PPL）4352本，商用驾驶员执照（CPL）35329本，其他航空器驾驶员执照708人，增加99人。通用航空公司在职驾驶员执照数量3599本，比上年年底增加95本；141部飞行学校教员1198人，较上一年增加213人。2019年年底，通用航空企业在册航空器总数达到2707架，其中教学训练用飞机849架。按照人机比1∶5计算，主要的专业技术人员不超过1.5万人，在民航全行业专业技术人员中占比较小，作为"两翼齐飞"之"一翼",显得尤为单薄。目前,通航从业人员主要在职业操守、理论培训、工作技能、规章意识等方面需要进一步提高。

1.职业操守

职业操守,是人们在职业活动中应遵循的特定职业规范和行为准则,即正确处理职业内部、职业之间、职业与社会之间、人与人之间关系应当遵循的思想和行为的规范。具体到通航而言,是通航从业人员正确处理岗位分工、与运输航空的对比及通航在社会地位的重要体现。

（1）重要性

强调通航从业人员职业操守的重要性,主要表现在以下四个方面。第一,通航从业人员特殊职业操守是调整职业活动中各种关系的行为规范。从通用航空来看,从业人员的职业操守,主要是调节从业人员与社会公共利益和客户的职业道德关系。第二,内容上的稳定性(或连续性)。职业操守与职业生活紧密相连,在长期的社会职业实践中形成了稳定的职业心理和职业传统习惯。第三,形式上的多样性、具体性。职业操守的内容千差万别,通航从业人员要突出自身特点,采取具体、灵活、多样的表现形式,将职业操守的内容具体化、规范化、通俗化。第四,强烈的纪律性。纪律也是一种行为规范,但它是介于法律和道德之间的一种特殊的规范。它既要求人们能自觉遵守,又带有一定的强制性。

（2）存在的问题

当前,我国民航正处于运输航空和通用航空平行快速发展阶段,传统的道德价值观念正经历重新选择、构建,逐步融于新环境的过程。加上人们对市场经济缺乏全面正确的认识,使通航职业操守建设面临着纷繁复杂的新情况、新问题。在这种新的形势下,通航如何把握职业操守建设的特点和规律,把职业操守建设抓得更好,更有成效,这是摆在我们面前的一项重大课题。"爱国守法、明礼诚信、团结友善、勤奋自强、敬业奉献"是我国公民的基本道德准则。改革开放40多年来，运输航空的民航员工职业操守建设水平普遍提高，在世界民航史上谱写了许多光辉的篇章。但是，我们也应该清醒地看到，在职业操守的建设上，通用航空作为后起之秀，还有相对薄弱的一面，隐含着一些本来不应发生的事故和问题。

2.理论培训

在运输航空飞行员的培训模式中，培训机构的培养对象是针对《大型飞机公共航空运输承运人运行合格审定规则》（CCAR-121-R7）培养航线运输飞行员，学员毕业后直接输送到运输航空公司，或者在招飞的时候直接与运输航空公司签订委培合同。通用航空蓬勃发展以来，这些培训机构开始有针对性地向通用航空公司培训和输送飞行员。培训机构在招飞的时候，培训机构没有与公司签订委托培养协议。学员毕业后，需要自己联系通用航空公司就职。虽然从表面上看，通航飞行员短缺，其实是短缺成熟通航飞行员。其深层次的原因就是通用航空公司有极其精细的成本核算体系，作为刚毕业的新飞行员，入职后要面临不少小时数的作业技术带飞培训，在一定程度上增加了公司运营成本和时间成本。

（1）重要性

重视通航从业人员的培训机制建立健全已经势在必行。通用航空公司的飞行人员需求越来越大，但航校培训体制却有一定的局限性，不符合通用航空飞行人员的培训现状。可以看出，通用航空飞行培训体制已经遇到了发展的瓶颈，单纯看培训数量的增加不能意味着行业的健康发展。而培训体制的变革是一个系统工程，单靠政府或某一个培训单位无法完成，必须拿出壮士断腕的决心和勇气，上下同心，横向联合，打破传统的、与行业发展不相适应的体制，保证航校的健康发展，为未来的通用航空大发展做好技术人才准备。

（2）存在的问题

一是培训单位在扩大培训量的同时，优质生源数量不足。2010年以来，随着国家逐步释放低空政策的推进，通用航空呈现出蓬勃发展的态势，通用航空公司对飞行员的需求激增，一些民营航校应运而生，就连飞行学院也针对通航需求开设了通航班，从市场需求和培训项目的拓展来看，飞行员应该有更好的就业前景才对，那为什么还会出现刚毕业的商照飞行员找工作难的问题呢？在行业内，无论是民航、各运输航空公司、通用航空公司都对通用航空飞行存在误解，认为通用航空飞行标准要低于运输航空，学员生源不应该像运输航空那般严格。运输航空公司招飞一般要求高中为起点的应届高考生源、"大改驾"生源。应届高中毕业生除了身体通过严格的体检之外，高考成绩要在一本以上；而"大改驾"学员也基本上来自二本以上的院校。相对于运输航空公司招飞，通航招飞标准要下降很多。只要取得大专文凭就可以在通用航空公司执行商业飞行任务，私照更是放宽到只要初中毕业年满17周岁即可通过培训取得。

运输航空公司飞行员执行的是公共载客飞行，从近年来发生的飞行事故来看，飞行员的素质在一定程度上决定了公司飞行安全水平，民航局用严格的制度规范约束航校和公司必须招收高素质的生源，从源头上保证了运输航空公司能持续在较高的安全水平上运行。通用航空飞行相对于运输航空飞行是不是标准低？如果说有差别，也只是任务优先项的区别，通用航空飞行有更多的项目，其飞行特点并不比运输航空简单，甚至比运输航空的飞行员技能要求更高。近些年，通用航空公司从运输航空公司退休的飞行员中挑选了一部分来通用航空公司飞行，有的机长飞了2万多小时，不能说经验不丰富，但是对种类繁多的通航作业依然束手无策。从近几年的通航作业合同纠纷就能看出通用航空飞行作业的项目复杂性，可以说在运输航空公司的飞行小时数积累跟通用航空作业可能没有直接关系。运输航空和通用航空飞行员有各自的特点，并无高低贵贱之分。培训单位在招飞关口尺度不能够分别对待，失之于宽，使生源质量一降再降，而造成学员毕业就失业的尴尬状况。从长远来看，生源文化、身体等素质要求的降低，也在一定程度上限制了其作为职业飞行员技能上的成长性，对通用航空公司长远发展和个人成长并不利。

二是培训机构飞行培训课程设置跟通用航空公司需求有差距。严把招飞关是第一步，那么飞行培训单位在课程设置上也不能满足通用航空公司的用人需求。从上面通用航空飞行作业分类可以看出，通用航空有更鲜明的特点，而航校的课程设置在一定程度上延续了运输航空培训体制和课程，并没有针对通航作业而设置课程。

三是培训单位飞行教员技能过于单一，不能对学员进行技能培训。航校的教员来源大致分为三部分：运输航空公司高薪挖过来的飞行教员、部队航校退役飞行教员以及航校培养留校任教的。教员缺乏通航一线作业经验，培养的学员在训练内容方面就会有所欠缺。

3. 工作技能

通航从业人员的工作技能，主要是指实际工作能力。理论培训是手段，运用到实际生产中是目的。因此，理论培训与工作技能是因果关系。但在通航运行过程中，培训与实际工作技能的运用一直是相辅相成的，成熟的从业人员，尤其是飞行员，就是在不断的锤炼中提升的。

（1）重要性

工作技能在日常的通航运营中是安全运行的起码要求，在雷雨季节等复杂气候条件下最能体现工作技能的重要作用。因此，在通航平时训练中要多设置各种突发状况的模拟情景，考验飞行员的应急处置能力，以期提前练兵，做好充分准备，夯实安全基础，为客户提供更安全、更优质的飞行服务。

（2）存在的问题

在目前的通航飞行活动中，缺少模拟机飞行技能训练，对于飞行环境复杂多变的通航飞行而言，无疑增加了许多风险。因此，更加剧了新飞行员难以上手、老飞行员供不应求的状态。在实际飞行中，更需要飞行员技术精湛、作风扎实、知识丰富、团结协作、积极进取的职业风采。

4.规章意识

一直以来，通用航空事故及事故征候在民用航空飞行有较大的比率。影响通用航空安全的因素有多方面，与航线飞行员相比，许多通用飞行员缺少规章意识是一个重要原因。

（1）重要性

规章是安全的生命线，这是民航业内的共识。这里所指的规章是广义的规章范畴，既包括民航法律、行政法规，也包括部门规章、行业标准、咨询通告、法律规范性文件等。规章意识很重要，但有时候会因各种原因失去控制。

（2）存在的问题

比如，在通航企业 CCAR-91部审定过程中，通航企业的投资者很多是从事其他行业的，对通用航空这个领域比较陌生，在公司筹建期，还比较尊重飞行机务人员的工作，在公司取得运行资质以后，由于投资回报的需求，忽视飞行安全管理，违规作业的情况时有发生，规章意识淡薄。

9.3.2 机：飞机及其设施设备

目前伴随我国经济发展，通用航空呈现出快速发展的势头，新成立的通用航空公司如雨后春笋，这些公司新购置了大量航空装备和设施，受公司效益限制投入不足、飞机技术体制标准不一、装备老旧、维护管理不规范等的影响，通航安全受到严重挑战，特别是航空设备的质量、可靠性、防人为差错设计、进口飞机"水土"不服等影响,飞行安全"机"的问题仍然是影响安全的重要因素。这几年与飞机机械有关的不安全事件时有发生,给涉事的通航公司造成不同程度损失,损失小的影响正常生产运行,损失大的使公司濒临倒闭的边缘。为深刻吸取不安全事件教训,研究探寻影响安全的飞机主要问题和因素,有针对性地搞好安全预防工作,本书结合已经发生的机械原因不安全事件进行分析研究,供安全教育参考。

1. 通航装备基本特点对航空安全的影响

一是装备型号多样。我国通用航空飞机的工业研制水平滞后通航的快速发展,已有的飞机性能质量落后于国际市场的先进飞机,多数新成立通航公司优先从国外引进飞机。进入中国通航领域的飞机有各种不同的技术体制,安全监管部门针对技术因素的监管标准和措施很难统一,通航公司在维护使用这些飞机时常常同时参照不同制造商的要求,预防调查不安全原因,由此造成影响安全的混乱现象。

二是保障备件使用随意。某些飞机技术简单或老旧,购置适航备件价格昂贵,有的需要进口,有的老旧备件基本停产。一些商家看到随通航快速发展备件大量短缺的商机,大量生产"山寨";一些通航公司受资金短缺的压力,自我评估后随意使用山寨产品,给飞行安全埋下隐患。

三是维护规范落实难。航空装备使用维护的基本规范要求是定期维护、到寿更换。尽管我国通航公司呈现出繁荣发展景象,但是多数公司处于非营利状态,受效益的影响,在维护规范的落实上有的采取变通措施,对一些安全影响小和不直接影响安全的备件,常常是视情保养,能凑合就凑合,监管局要求的维护规范得不到很好的落实。

四是容错设计不完善。通用飞机研制为了降低成本,人机工效设计试验被简化,为人为差错埋下隐患。例如,2017年10月12日某通航发生的事故,就是由于燃油泵电门离磁电门太近，机组操纵燃油泵时误关了左发右磁电门，诱发了左发停车，机组处置不正确导致坠水。

五是使用经验维护不足。近几年，国际市场大量新型通航飞机进入我国市场，有的飞机引进了生产线（如江苏盐城艾瑞奥特公司的飞机生产线来自波兰），有的飞机引进装备数量较少。这些飞机使用周期短，维护经验不足，一些设计质量缺陷和规律性故障还存在认识不足的问题，在一定程度影响性能的发挥和维护质量，严重时甚至危及飞行安全。

六是飞机老旧。早期成立的通航公司，装备一定数量的老旧飞机，有的新成立通航公司购置了二手飞机，这些飞机有的已经停产（如运5飞机），有的零配件短缺，有的接近总寿命，故障率处于"浴盆曲线"的高发区。

2.暴露的问题和教训

局部地看某一公司的一起事故具有很大的偶发性，但是统计分析一个时期一类机型发生不安全事件，就可发现和认识造成事故直接原因的潜在隐患，安全工作的重点就在于有针对性地采取防患于未然的措施对策，及时消除隐患、化解风险。通航正处于快速发展时期，一定程度上出现某些不安全事件属正常现象，是发展应付出的代价，当前关键的着眼点是防止同类性质问题重复发生，更要抑制小隐患小问题酿成大事故。这就需要我们不断从不安全事件中分析查找背后的原因，吸取教训、经验，采取有效措施，保证通航良性发展，实现生产效益和安全"双赢"。

通过系统分析和研究通航已发生的不安全事件，暴露的突出问题和应吸取的教训可以归纳为以下几个方面。

（1）通航公司组建初期，主观上容易存在隐匿、淡化安全问题和人为差错的倾向，客观上造成小问题累积扩大和小差错性质逆转的条件，当多种隐患同时触发时，严重后果往往在人们"没想到、想不通"中出现。

购置飞机或直升机是各通航公司的重要标志，几乎占了公司的大部分资产。航空装备性能优良、价格昂贵，从管理层到一线员工对航空装备创造效益寄予厚望，飞机发生问题容易"惊天动地"和"伤筋动骨"。公司管理层对公司员工提出很高的安全责任要求，员工面对压力时通常有怕出问题、怕担责任的顾虑，一线工作的员工往往容易产生报喜藏忧倾向。一是总想把未造成严重后果的安全问题大事化小、小事化了。对发生的人为差错有意隐情、淡化，担心主动真实反映未造成后果的问题会给自己带来不利影响，有些一线管理人员甚至搞"内外两本账"，致使公司领导和监管部门对飞行实际问题不掌握、不清楚。二是通航飞机的设备原因引起的不安全事件没有标准或标准不明确，通航公司和监管局在认定不安全事件时标准不一致、界限不明，导致安全问题被就轻定性，造成的原因淡化。有的通航飞机大量应用以电子和软件为基础的新技术，电子产品和软件的故障特征不同于机械设备，特别是软件原因的故障基本与维护无关，而是设计缺陷所致，软件故障一般虽不会给飞机设备和系统带来直接损伤，但对安全的影响是严重的、有时甚至是致命的。例如，导航设备故障可能引起自动驾驶仪异常工作，造成飞机瞬间失稳变态（失稳发生在高空对安全可以说影响不一定大，但若发生在低空对安全的威胁将是十分严重的）。而员工为了减轻责任，定性尽量轻，这样无形中人为减轻了安全问题的严重程度，使得公司管理层失去了应有的警觉。三是从已发生事故的通航公司来看，首次飞行事故的时间多数发生在公司成立或引进新机三年以内，说明公司在刚成立或购置新机初期，正处于掌握技术的过渡期内，因掌握新机理论、技术的粗浅和新机发生问题的责任影响，没有很好重视解决初期出现的各种安全小问题，致使被忽视、淡化了的小问题被有意无意隐匿、累积，失去了对安全问题应有的警惕和追根求源及时化解风险时机的把控。

通航公司刚成立缺乏使用和维护的经验，出现问题多属于正常的现象，如果能正确对待,如实反映、重视解决出现的小问题,安全监管部门和人员及时借"事"开展针对性研究,推动对使用维护问题的深刻认识,就能有效防止小问题累积可能产生的严重后果。这一点应是所有通航公司主管和监管人员共同吸取的教训,必须高度关注并认真解决好安全方面的大小问题,防止隐患无形累积,防止重蹈三年内发生严重事故的覆辙。

(2)机械原因导致不安全事件的机件、部位相对集中,表明对飞机发生故障问题的潜在原因、特点规律缺乏深入系统的分析研究,一事一抓的措施办法不可能遏止和解决同类故障问题的重复发生。

从机械不安全事件原因看,机械原因不安全事件中都是传统设备和系统的原因引起的,例如操纵系统和发动机系统等,这些事故原因性质表面看具有很大的偶发性,深层看都与监管不到位、工作不认真、业务能力不高有关。其主要原因教训一般有这几点。一是执行规章制度不严格,工作随意性大。1990年10月28日,某公司地面做维护工作时,将异物遗留在运12发动机中,飞机起飞后异物卡滞而导致单发停车,飞机无法保持高度和速度而坠毁。地面维护工作中,要安排专人负责管理工具物品,使用完成或拆换下的部件要及时放回摆放位置,维护工作结束后要认真清点物品归零,防止遗忘在飞机上导致严重事故,这种教训十分惨痛。二是维护工作不严肃,第一手工作质量不到位。2000年4月3日,某飞行学院在为TB20飞机的发动机检查维修排故中,两次拆下发动机曲轴连杆上的螺栓螺帽又装上,没有更换新件。由于螺栓螺帽重复使用,锁紧功效下降,使连杆盖螺帽在发动机运转过程中松动、退出、脱落,连杆与连杆盖从曲轴上分离,导致发动机空中故障停车。再比如,1989年9月28日,某飞行学院维护TB20飞机,水分进入燃油系统,供油中断,发动机停车导致事故。这两起事故都是因维护责任问题导致的飞行事故,暴露出少数维护人员检查不细、工作不到位、维护质量不高等问题。三是对新装备维护保障技能掌握不深不透,部分骨干综合业务水平低。1999年2月24日,一架 TY-154M 飞机失控撞地,调查发现飞机的升降舵操纵系统安装了不符合规定的自锁螺母,而在维修中又未能发现该情况,导致飞机在飞行中螺母自动旋出,连接螺栓脱落,飞机俯仰通道的操纵失效,造成飞机失事,是一起典型的维修人为责任问题。

(3)部分维护机务人员对飞机理论的学习研究不深、不透,是导致发生严重安全问题和事故的重要因素。

有的通航公司人员进入门槛低,招收的新人缺乏必要专业知识,认知水平低,发现问题隐患警觉性不高,遇到问题看不到本质,表面化、现象化理解做工作。有的维护人员得过且过,停留在已有的经验办法上,在学习研究方面下功夫不够,对一些深层次的问题缺乏透彻了解掌握,极大影响了航空安全。有的维护人员对公司更新换代的新机缺乏学习积极性,停留在过去为公司解决了大量疑难问题的已有成绩上,对新机暴露的问题迁移过去做法,特别是一些电子、软件维护工作怕丢面子,不善于向年轻同志学习请教。某些通航公司为此付出了沉痛代价,交付了巨额的学费,教训是极其深刻的。

9.3.3 环：作业环境复杂

1.危害飞行安全的重要天气

(1)雷暴

雷暴即积雨云中发生的雷电交加的激烈放电现象。因其一般伴有阵雨,所以也常常与雷雨通称,它是积雨云强烈发展的标志。雷暴中有强烈的湍流、积冰、闪电、阵雨和大风,有时还有冰雹、龙卷风和下击暴流,是一种严重威胁飞机安全的天气。

①飞机颠簸

雷暴云中的上升、下降气流对飞行造成严重威胁，特别是成熟阶段的雷暴云，最强的上升气流可达到50~60米/秒，同台风不相上下，航空器在雷雨区内飞行，飞机会遇到严重颠簸，使飞行高度在几秒内升降几十米到几百米。严重时，飞行仪表失真，飞机操纵困难甚至失控，是导致飞行事故最危险的天气现象之一。

②雹击

通常成熟阶段的雷暴云，高度多为3000米到9000米，这时遭遇冰雹的可能性最大。飞行中遇到冰雹，由于相对速度很大，所以飞机的雷达罩、机翼、水平安定等部位易遭雹击，从而使飞机的空气动力性能变差，加大了失速速度，容易造成飞行事故。

③积冰

雷暴云中含有大量的过冷水滴，容易造成飞机积冰，特别是在飞机起飞着陆阶段，往往速度较低，不易操纵，如果飞机在起飞着陆时遇到积冰往往会引发飞行事故。结冰往往对飞机的失速特性、起飞性能、爬升性能、续航性能、着陆性能、发动机性能、稳定性等有很大的影响。

④雷击

当飞机在雷区内飞行时，由于机翼、机身等凸出部位，电场很强，导致飞机遭受雷击。根据统计分析，各部位雷击的概率为：雷达天线＞机翼＞机身。外部设备（如翼尖、航行灯、风挡加热器等）的防护罩或整形罩被击穿后，闪电电流进入机舱内部造成设备和电源的损坏，甚至危及机组和乘客的安全；闪电和闪电引起的瞬间电磁场对仪表、通讯、导航及着陆系统造成干扰或者中断，另外由于喷气发动机的燃料蒸汽是易燃的，如果油箱被击中就有可能发生燃烧或爆炸。

⑤下洗气流

下洗气流又被称为下击暴流。下击暴流是雷暴强烈发展的产物，其水平尺度通常为4~40千米，产生的雷暴大风可达18米/秒以上，但其生命周期很短，一般只有10~16分钟（微下击暴流只有几分钟）。由于下击暴流（包括微下击暴流）中伴有强烈的下降气流和雷暴大风，对飞机的起降有极大的危害。航空器在起飞阶段遇到下击暴流，如果处置不当，就会导致飞行事故。

⑥龙卷风

龙卷风是在积雨云中出现，但绝大多数不会产生这样的状况。只有那些发展得特别强烈的雷暴云才会出现，而龙卷风造成的破坏力不难想象。

（2）低空风切变

低空风切变是影响飞机起飞和进场着陆阶段的一个危险因素。一般来说，低空风切变主要在雷暴、锋面、辐射逆温层的低空急流及由于地形地物对风的影响而产生。由于目前存在对低空风切变探测难、预报难、航管难等一系列困难，因此低空风切变在飞机起飞、着陆阶段中对飞行安全威胁极大，它不仅能使飞机航迹偏离，而且可能使飞机失去稳定。如果驾驶员判断失误和处置不当，则常会产生严重后果，尤其是微下冲气流造成的事故特别严重。

根据飞机相对于风向的不同情况，把风切变分为顺风切变、逆风切变、侧风切变和垂直气流切变四种类型。顺风低空风切变之所以对飞行有很大的影响，是因为当飞机从小的顺风进入大的顺风区域，或从大的逆风进入小的逆风或顺风区域时，飞机速度就会减小，升力下降，飞机就会下沉，导致飞机无法正常起飞或飞机提前降落。当飞机遇到侧风切变时，会发生滚转、偏航而导致飞行事故。垂直气流型低空风切变危害最大，当飞机进入风速垂直切变的强烈下沉气流时，由于强度很大，甚至可能把飞机直接"砸"到地面，所以低空风切变是飞机起飞和着陆阶段的大敌，特别是在着陆阶段，此时要求飞行员及早判断，并完全改变着陆操作动作。

（3）飞机颠簸

颠簸对飞行有很大影响，飞机在飞行中遇到扰动气流时，将受到不均匀的空气动力冲击，造成飞机左右摇晃、前后颠顿、上下抛掷，即为飞机颠簸。在长时间颠簸影响下，飞机内部零配件会发生松动从而影响其内部应力。另外，飞机颠簸还会影响飞机的飞行状态，例如对飞行高度、姿势和速度都会产生一定影响，这就为飞行员带来了更多操控难度和挑战，对于跷跷板式旋翼直升机飞行员，在遇颠簸气流时不适当的操作动作可能会增加主轴碰撞事故发生的概率。尤其是当颠簸强烈时，1分钟内飞机可上下抛掷几十次，高度变化几十米，飞行员操纵困难，会使飞机的结构遭到破坏，甚至会折断机翼，造成机毁人亡。

颠簸产生的根本原因是大气中存在的乱流，例如动力乱流、热力乱流、晴空乱流、航迹乱流。午后或太阳辐射最强烈时，热力变化影响空气不规则的垂直运动产生颠簸，以及山区或地面粗糙等动力原因造成颠簸。颠簸有时还经常出现在锋面区、高空急流区、积状云区、空中槽线切变线和逆温层附近。而乱流只有尺度大小和飞机大小相近时才容易产生颠簸。

（4）飞机积冰

飞机积冰是指飞机机体表面某些部位聚集冰层的现象。它主要由云中过冷水滴或降水中的过冷雨滴碰到飞机机体后结冰形成的，也可由水汽直接在机体表面凝华而成。飞机在云中飞行时间过长易导致积冰。在寒冷季节，地面露天停放的飞机也会形成积冰。积冰对飞机性能有以下几方面影响。

①升力面积冰

当机翼和尾翼积冰时，能使飞机的空气动力特性和飞行特性显著变差，由于积冰，流线型部位的形状发生变化，翼型失真（变形），导致摩擦阻力和压差阻力都增大。积冰使翼状变形，破坏空气绕过翼面的平滑流动，使升力明显减少，失速加快，失速速度增大，临界迎角减小；同时会使飞机的重量增加，阻力增加，耗油率增加。根据有关方面的飞行试验，机翼、尾翼积冰时，其阻力增加占飞机因积冰引起总阻力增加约70%~80%，若在大迎角下飞行时更突出；如果积冰层较厚，还会使飞机的重心位置改变，从而影响飞机的安定性，升力中心位移，操纵品质变差。当机翼前缘有1.3厘米的积冰时，飞机升力就会减小50%，阻力增加50%。由此可见，积冰对飞行安全的影响严重。

②发动机积冰

在飞机其他部位没有结冰时，喷气式发动机进气道有时会有积冰。因为机翼和尾翼前部的动力增温，比喷气式发动机进气口处要大得多。飞行实践证明，当外界气温等于小于5°C时，喷气式发动机进气口部分可以发生结冰。

进气道结冰将导致内表面气动特性的恶化，使进气速度场分布不均匀或使气流发生局部分离，引起压气机叶片的振动，冰屑脱离进入压气机而造成压气机的机械损伤，会使发动机的推力降低，严重时甚至造成发动机损坏或熄火。

③空速管和静压孔积冰

空速管和静压孔积冰，会使空速表、气压高度表、迎角指示器、迈数指示器、升降速度表等一些重要驾驶仪表指示度失真，甚至完全失效，导致自动系统会提供错误信息，使飞行员失去判断飞行状态的依据。

④天线积冰

天线积冰可能会使无线电通信失效，中断联络。强烈积冰能使天线同机体相接，发生短路，会造成无线电导航设备失灵。

⑤风挡积冰

风挡积冰会大大降低其透明度，使目视条件大大恶化，严重影响飞行员视线。特别是在起飞、着陆阶段，由于影响目视，会使起飞着陆发生困难，导致判断着陆高度不准确，进而影响着陆安全，严重时甚至会出现危险。

⑥操纵面积冰

如果操纵面的主要区域有冰、霜、雪，会导致操纵面冻结在原有位置或运动受阻。

⑦起落架装置结冰

起落架装置上的结冰，会在收轮时损坏起落架装置或设备，积聚在起落架上的冰雪在起飞时脱落，会损坏飞机。

⑧飞机在地面积冰

飞机在地面停放和滑行时也能积冰。地面积冰时，冰的聚积是不对称的，首先在迎风的一面开始冻结，使飞机表面上冰层的厚度不一样，对安全性和正常性有很不利的影响。根据有关飞行试验，在机翼上有2~3毫米的霜时，会使失速速度增加约35%，起飞滑跑距离增长一倍。当积冰的飞机起飞时，气流会从机翼上过早且明显地分离。积冰的飞机离地升力系数比正常飞机小15%~20%，相当危险。

（5）低能见度

影响能见度的障碍因素很多，有一些是水汽凝结物，如云、雾、毛毛雨、冰针、吹雪、降雪等；另一些是由于空气中悬浮着大量的尘埃、烟幕、缓和沙粒等。其中以风沙、浮尘、烟、雾对飞行安全危害性最大。在我国秋冬季节，经常会出现降雪、大雾、雾霾等天气，进入春季在我国西北、内蒙古、华北、东北等地区经常会遇见风沙、浮尘天气，夏季雷暴天气也会影响能见度，给飞行起飞、着陆，以及寻找地标物带来困难。

2.地理环境复杂

（1）山区主要风险

①气流紊乱

山区气流比较复杂，除了山谷风地方性风以外，还有比较强烈的升降气流，风力一般要大于平原。山地的升降气流与乱流对飞行影响较大，在迎风坡上飞机受上升气流抬举而自动升高，在背风坡上受到下降气流的影响而降低，而且容易被下降气流带入背风坡的涡旋中。在一定条件下，背风坡还会出现滚筒状气流。在山区有日照的地区与无日照的地区之间的气流变化反差十分明显，相邻地段上的地表形势差别越大，产生的扰动气流越大。紊乱的气流可使飞机产生颠簸，易造成仪表指示误差。因此飞行员需要很大精力来保持飞行状态，容易造成飞行员精神紧张，体力消耗大，易疲劳。

②天气复杂

山地热力对流强，易形成云、雾、降水等天气。山区云形成快，云下能见度差，影响目视飞行，山地云层常笼罩着山峰，在云中飞行容易发生撞山事故，且云中飞行会引发飞行员错觉。山地水汽容易凝结为雾，山区的雾生成快、移动快、消散快，水平范围小，季节变化明显，具有隐蔽性、突发性，遇到大雾、浓雾则会严重影响起飞、着陆和目视飞行。山地降水强烈且充沛，降水分布不均，有的山迎风面是阵雨沥沥，而背风面却是云淡风轻。进入夏季，山地多对流，阴晴不定，天气多变，给飞行造成很大困难，常常需要时而简单气象条件飞行，时而复杂气象条件飞行。

③山区地形地貌复杂

山区地势高低不一，有些地方高度差较大，低空作业与障碍物的安全距离小。地形复杂多样，一旦飞行准备不充分，低高度误入口袋山，处置不当，易发生撞山事故。山区可供飞行员的外界参照物较为相似且难以辨认，易导致迷航或飞错航线航路。山区飞行选择着陆场地较难，这些场地既不平坦，也不规则，迫降时能够使用的安全场地少。且山区低空线缆较多，不易发觉。

④高海拔山区对飞机性能影响较大

随着高度的升高，空气密度逐渐减小，大气压力也随之减小，直升机的稳定性、操纵性从而变差，存在剩余功率不足的问题。最大飞行速度也会随飞行高度的增加而降低，其表速是随空气密度和温度的变化而同步变化的。随着飞行高度的升高，大气温度逐渐降低，一定高度后直升机结冰的危险性增加，尤其是在靠近云底和湿度大的空气中飞行时。

（2）海上主要风险

①海天线变幻不定

天气晴朗，海天一色使海天线难辨；或因阳光、云雾的影响，能见度差，海面天空迷迷蒙蒙，混为一体；有时还会出现由低云、雾所形成的假海天线。晴朗夜晚，明月繁星倒映海面，这时可造成飞行员海天难分的严重空间定向障碍。这些都造成对飞行状态判断的困难，从而使飞行员产生疲劳或出现错觉。

②辽阔海洋易产生错觉

海面空旷，缺乏地物、地标，易产生错觉。在高空飞行时，由于海天线略低，观察海面时感到就像在反扣的锅底上一样；低空平飞时，看四周海面比自己高，又感到像掉在锅底一样；小坡度转弯时，由于缺乏地物，相对运动不明显，感到飞机不愿转弯；大坡度转弯时，又觉得坡度过大，如果向转弯内侧机翼方向观察，感到机翼像插在水里一样，甚至感到海水正往机舱内涌；在高空做俯冲下滑时，感觉不出高度有什么变化，从5000米下滑到2500米，感到似乎仍在5000米高度一样；在低空做俯冲下滑时，则又感到飞机正在往海里钻，不自主地带杆上升；由陆地进入海上时，有飞机速度突然变慢的感觉，由海上进入陆地，又有飞机速度突然增快的感觉；在海上长距离飞行时，往往觉得速度慢、时间长，容易急躁；观察目标距离时，明明很远却觉得很近；等等。这种种奇异感觉，即是错觉。

③风、云、雾的影响

强劲海风常常掀起轩然大波，致使浪花飞溅，能见度变差，影响水上飞机的起落和海面目标的观测。海上垂直气流弱，飞行中出现颠簸较少，但在海岸附近和岛屿上空，因受地形的影响，又常会出现扰动气流。海雾具有范围广、厚度大、发展快和持续时间长等特点。另外海上层云和层积云较多，云高较低。这些均不利于低空和超低空飞行。

④海岸和岛屿容易发生变化

海岸和岛屿是海上飞行较为可靠的定向目标，但海岸和岛屿常因潮汐的影响而变化，辨认时必须仔细。很多三角地带，地势平缓，为沙土岸，低潮时有大片干出的浅滩，高潮时海水进入陆地几公里。远海岛屿周围常有平流辐射雾和少量低云紧紧缠绕，犹如天然纱帐，雾散以后，又有蘑菇状对流云笼罩，恰似戴了一顶云冠。若不仔细辨认很容易搞错。

3.动物对飞行的影响

（1）飞行中鸟害

各类航空器与鸟类相撞的安全事故高发不断，飞机或直升机与鸟禽相撞大都发生在起飞上升和下滑着陆等阶段，由于大型鸟类或成群鸟类进入发动机，后果往往很严重。

（2）场地中的小型动物昆虫影响

蚁类、蜂虫、老鼠以及其他昆虫一旦钻进飞机或直升机机内部，就会发生啮食线缆、堵塞管路、腐蚀高精密电器等情况。排查不到位时，就会造成各类不同的机械故障，引发不可预想的事故。

9.3.4 管：运行单位的安全管理

1.安全管理理念滞后

（1）注重安全的结果性，忽视安全的状态性

以"不出事故"为标准，很多时候没有意识到安全是一种状态。只把安全当作一种结果看待，片面地以有没有发生事故作为安全与否的衡量标准，希望安全工作能"一蹴而就"，忽视安全工作的长期性和持续性。

（2）割裂安全和效益的关系

将安全和效益对立，没有认识到安全是长期的效益。特别是在经济利益的驱动下，当安全和效益出现矛盾时甚至会以牺牲安全来换取短期效益。对安全的财力、物力、人力投入不够重视。

（3）混淆运行管理、维修管理和安全管理

多数委托运营部门负责安全管理，认为运行管理、维修管理等管理活动具有保证安全的功能和效果，抓好这些管理就是做好了安全管理，甚至认为只要做好这些管理，安全管理可有可无。

2.安全管理条件薄弱

（1）飞行员技术底子薄

一方面，年轻飞行员占比多，领照时间短，飞行时间少，仅仅停留在会起落上，缺少专业项目的训练和飞行经验，飞行安全意识淡薄。另一方面，飞行员总体数量少，一些单位破坏性地使用人力资源，飞行员疲于应对工作，安全强度低。

（2）航务保障水平不能适应运营需要

各类航务保障人员缺少专业的在职培训、专业培训，保障量少，缺乏实践操作锻炼机会。专业设备设施和工具投入不够（有的单位机型多、数量少、维修工具短缺甚至自制），难以保障质量。航材保障体系不健全。

（3）设备和设施技术性能差

受低空通信和监视技术发展以及超低空地形、建筑物的影响，空管部门和有关单位很难在现有设备、设施及技术条件下实时监控飞行。飞机、直升机在低空复杂气象环境和净空环境中飞行，又难以从飞行保障部门及时获取气象等飞行情报。此外，我国通用航空器制造与地面航行、公共维修、供油等基础设施以及技术支持体系没有建立起来，也在很大程度上制约了通航安全水平的提高。

（4）低空、超低空环境恶劣

高大建筑物、高压线塔、小型无人飞行器"此起彼伏"，个别障碍物甚至不安装警告装置。环境污染严重，雾霾天气全年占比增大。环境良好地区鸟禽活动频繁。城市飞行中光污染、电磁污染等问题日渐突出。不合理的空域管辖权人为增加了飞行中的危险。

3. 安全管理内容缺失

（1）通航运行规章标准不健全

在民航规章层面，我国现行的11大类共117部适航规章体系中，法律层面针对通用航空的只有十余部，且仅在某些民航规章中有所涉及。目前国内组织实施低空飞行的主要依据是《中华人民共和国飞行基本规则》和《通用航空飞行管制条例》，但这两部法规均缺少对低空空域管理使用和低空飞行活动的具体规范和实施细则。《国务院关于通用航空管理的暂行规定》和《通用航空飞行管制条例》两部行政法规对于促进通用航空产业发展仍停留在原则层面，保障措施不明确，实施细则有待完善，且无明确指导性意见指引地方通航政策法规体系建设。

（2）通航公司内部管理制度不健全

一些通航公司内部管理制度照搬照抄，根本不适用于本单位机型和飞行活动要求。针对特殊作业，缺少针对性的作业标准和指导细则。在安全管理制度上，更是多停留于形式要求，无实质管理措施。

（3）安全教育以偏概全

安全教育侧重于形势教育和警示教育，往往只讲安全的重要性，刻意强调安全意识。缺少安全法规、安全理论和安全常识教育，不讲怎么做才能保证安全，不利于安全能力的形成。

（4）安全训练短板明显

比较重视飞行员特情处置训练，对水下逃生等科目的训练也有所涉及，但总体而言还缺少飞行员心理生理训练、野外生存能力训练、航务保障人员防差错训练以及事故应急处置能力训练（比如消防、医疗救护、搜索营救等）。

（5）风险管理运用不足

缺少风险管理的意识，对风险识别、风险评价和风险控制等风险管理的相关内容缺乏深入了解，无法将其融入飞行运行、运行控制、机务维护以及地面保障等相关工作过程中，没有在管理中有效运用。

4.安全管理方法不当

（1）管理方式简单随意

安全管理依靠"红头文件"多，依靠规章、制度和标准管理的少。管理方式只停留在事前的布置、中途的例行检查、出了安全问题后的处理上，管理随意性大，缺乏标准化、程序化、规范化的管理。

（2）倚重个人，忽视组织

个人管理讲得多，片面强调个人职责，不善于发挥组织管理的作用。把杜绝隐患主要寄托于个人修养的提高，出现问题后习惯于追究个体责任，忽视查找组织因素的不足。

（3）缺乏预防性管理

更多的是习惯于运行、维修等过程中出现安全问题后"就事论事"的管理，甚至"以罚代管"。"亡羊补牢"成分多，"没事找事"的事前主动预防性管理工作少。

（4）管理的系统性不强

安全管理过程中缺少对管理效果的关注，对于管理措施是否落实到位、管理效果是否达到目的缺少必要的监督和反馈，管理不能形成完整的闭环系统。

（5）技术防护手段占比较低

在安全管理手段上"人防占比多于技防"，人力防护的手段运用多（规章、制度和程序等），技术手段运用少，特别是没有把数据挖掘、信息分析等现代信息技术充分应用于安全管理中。

5.安全管理文化匮乏

（1）文化建设流于形式

文化建设浮于标语文化、口号文化和名言警句等表面形态，尽管标语贴得到处是，口号喊得震天响，但并没有做到真正地"进入脑中，进入心中"，以罚代管的文化氛围浓烈。只注重管理的权威，缺乏管理的威信，以罚为主，以奖为辅，甚至只罚不奖，生硬的管理缺少以人为本的人文关怀。

（2）人员职业素养不佳

单纯把飞行作为一个谋取金钱利益或谋生的手段，缺少必要的事业心、使命感和责任感，缺少脚踏实地的学习精神，只求过得去不求过得硬。

（3）违规、违章事件多发

部分飞行人员作业前准备不充分，凭经验主义，缺乏科学的风险评估。飞行中时常出现侥幸心理，违规违章运行。检查意识不强，错忘漏情况时有发生。发生安全事件后，存在瞒报、谎报事件真实情况，无法为提高安全管理措施提供依据，人员诚信意识不强。

（4）内部安全信息沟通不畅

单位内部管理者与员工之间，不同岗位之间相对缺少良好的、畅通的、互信的沟通渠道。很多员工一方面存在漏报、瞒报安全信息的情况，诚信意识不强；另一方面又对本单位的安全状况缺乏必要的了解，发现的安全问题、提出的安全建议也很难引起管理层重视，思想上形成了"多一事不如少一事"的理念。

（5）单位之间安全信息共享困难

单位之间在经营方面交流合作较多，在安全管理方面交流合作较少，"家丑不可外扬"的观念和在金钱利益的驱使下，不肯分享经验教训，无法实现有效安全的信息共享。

※ 学习记忆点：通用航空安全存在的主要问题

分析通用航空安全存在的主要问题是从"人、机、环、管"四个方面入手的。

9.4　通用航空安全管理的建议

针对我国通航产业目前的发展状态和特点，对通航运营企业的安全管理提出以下几点建议。

1.深化分级分类管理政策，丰富最佳实践方法

民航局已下发通用航空安全监管业务框架，基于对公众安全的考虑、兼顾通航业发展、按照航空器大小、是否载客、载客多少以及作业类别，进行分

级和分类。框架科学合理，内容清晰易懂。随着通航"放管服"的深化，局方监管的界面越来越清晰，各地监管员的监管标准基本统一。但从近两年通航业安全数据来看，安全形势比较严峻，因此建议局方以规范性文件或行业公告的方式推荐安全管理的最佳实践方法供企业参考和选用，将"放管服"真真正正落实到位。

2.不能照搬其他企业的安全管理方法

行业树立标杆企业时，通常选择垄断型、龙头型、具有一定规模的通航公司，这些公司并不能完全代表行业普遍发展现状和水平。盲目对标"高大上"的通航企业，将导致众多的小型通航公司规制成本和综合管理成本上升，加重运行负担。无论局方、企业还是科研单位，应当理性地看待通航业的发展和通航企业的现状，鼓励和允许通航企业探索适合自身发展的安全管理方法。

3.加强企业高管人员安全管理意识

安全无小事，一个飞行事故对一个小型的通航企业来讲，可能是致命性的；对一个家庭而言，可能是毁灭性的。为了缩减成本，很多公司在安全红线的边缘徘徊，殊不知灾难随时会降临。企业安全管理做得好不好，重要决定因素之一是企业高管的安全理念。企业高管要有风险意识，要有安全红线意识。规章条款、制造厂家的技术规范和标准是经过惨痛的教训和血淋淋的现实锤炼而来的，是行业公认的最低安全标准，也是企业高管要坚守的安全底线。

4.加强安全管理经验交流，营造积极的安全文化氛围

为了响应国家大力发展通航的号召，顺应通航企业运营的需求，很多省份都成立了通航协会。国内的航空类院校均开设通用航空相关专业，开展通航人才培养和通航行业安全管理研究。借助行业协会和科研院校的平台效应分享研究成果，组织通航企业共同探讨安全管理经验和方法，重点关注相同机型、相同作业区域、相同作业类型涉及的安全共性问题，"吃别人的堑、长自己的

智",逐步营造积极向上的、沟通互助的行业安全文化氛围。

5.充分利用各种媒体手段,加大安全宣传力度

通航企业作业地点分散,作业环境复杂,专业技术人员常年外出作业、集中式安全宣讲和安全教育实施困难。各通航企业可以充分利用微信、微课程、微视频等形式,加强安全管理。民航局、各通航协会和科研院校,也应当将部分培训课程和科研成果以这种灵活、易读、便利的形式展现出来。同时,呼吁有能力的单位组织专家编写通航的安全读物,向全行业发放。提高整个行业的安全意识和企业的安全管理能力。

※　课后习题

1.中国民航人的"三个敬畏"是什么?

2.一般情况下,分析通用航空安全问题主要从哪四个方面入手?

3.判断题:通用航空无论从事故数量还是事故万时率都要高于运输航空。( )

4.结合自己所学专业,谈谈对通用航空安全的认识。

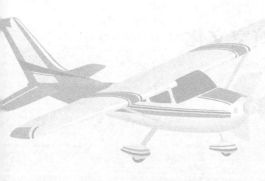

第 10 章

通用航空文化与科普

10.1　通用航空文化

10.1.1　航空文化概述

"文化是民族的血脉,是人民的精神家园",一个民族的崛起,首先应该是民族精神的崛起。文化也推动社会的发展和繁荣,引领生活的变化。人类自古以来就有飞行的梦想,近现代以来,随着科技的高速发展,人们开始飞上了蓝天,从此也诞生了航空文化。

航空文化从广义而言是人类在航空实践中创造的物质文化和精神文化的总和;狭义而言,是指航空人在从事航空事业的实践中所形成的具有航空特色的思想、意识、观念等意识形态和行为模式以及与之相适应的组织体系和制度。作为一种文化现象和文化形态,航空文化是社会文化的有机组成部分,属于社会文化中的亚文化,在一定程度上可以作为衡量社会文明程度的标志。

航空文化自成体系,由军事航空文化、航空科技文化、民用航空文化、大众航空文化、航空企业文化等若干子文化组成,而民用航空文化又可以分成民航运输文化、通用航空文化等。这种体系划分主要依据航空活动的性质而决定,航空事业越发达,这种体系就越复杂。

1.航空文化的层级结构

（1）航空物质文化

航空物质文化层包含了航空器、航空设施与设备、航空科学技术等。核心地位的是航空器，没有航空器，便没有航空实践，更没有航空文化。航空物质文化的不断进步，带动了整个航空文化的发展与演变，即航空物质文化是航空文化的"引擎"。

（2）航空制度文化

航空活动作为现代社会生活中管理最为严格的领域之一，从制造飞机，就必须遵循最严格的适航管理规定；到驾驶飞机，必须先经过严格的地面空中训练，取得飞行员执照；再到升空飞行，必须要遵守空域管理规定和各种飞行规则，且有完善的地面支持系统和勤务保障系统，即航空制度文化是航空文化的"守护神"。

（3）航空行为文化

航空的复杂性、风险性、高技术关联性决定了它有特殊的行为规范。例如飞行员驾驶飞机所需要的身体素质、心理素质、动作协调能力、感知判断能力、知识水平等，不仅仅是来源于先天遗传因素，更是通过后天艰苦训练获得的。长期的、特殊的训练造就了特殊的行为规范和行为方式，即航空行为文化是航空文化的"标志性动作"。

（4）航空价值观文化

航空价值观文化包含了自由、科学、创新、勇敢、爱国、自强、奉献等要素，这些主观动因丰富了价值观内涵，影响人们的行为，是航空文化的核心部分，即航空价值观文化是航空文化的"灵魂"。

2. 航空文化的产业融合

航空经济与文化创意产业的融合，产生了航空文化产业。航空产业与文化产业的融合已经成为现代产业发展的新趋势，是当前航空从业者和地方政府规划未来发展的战略着眼点。

目前，我国航空产业与文化产业的融合主要集中在以下方面。

（1）航空科技与文化产业

当前，航空科技与文化产业的融合已经渗透到社会的方方面面，比如通信技术、互联网、GPS定位等都是军用技术的民用化。航拍技术已经普遍应用在传媒等文化领域，风洞飞行体验、航空科技文化展览也已经成为吸引游客的重要方式。又如航空大世界既是文化创意与航空科技融合的综合体现，也是航空产业链延伸的结果，并催生了航空文化博览、航空文化休闲、航空文化体验等一系列新产业形态的出现和发展。

（2）航空设计制造业与文化产业

随着经济的发展以及人们对于精神生活的追求，体验、品牌、服务以及人气等文化内涵已逐渐融入航空产品的设计制造之中。通用航空制造企业广泛涉足文化产业的相关活动，诸如航空广告、观光旅游、航空运动、航空培训等均是其服务于第三产业的主要组成部分。航空小镇就是通用航空与观光旅游、居住、航空运动、休闲娱乐相结合的产物。

航空工业旅游也是航空设计制造业与文化产业融合的航空文化创意产品。航空工业旅游是以航空工业园区为依托的航空工业旅游项目，可以满足游客零距离参观飞机设计制造的需求。全息影像的成熟应用更为建立高品质的航空体验馆提供了技术保障。图卢兹空客A380生产线参观、西雅图总装厂参观、沈飞航空博览园、上海飞机制造厂、空客天津总装基地等都是国内外知名的依托航空制造业开展的航空工业旅游基地。

（3）航空运输服务业与文化产业

随着航空经济的发展和产业链的延伸，航空公司、机场、通航在其运营的各个环节中都非常注重与文化产业相互融合，出现了如航空传媒营销渠道和平台服务业、文化休闲娱乐产业、航空会展业、航空咨询与研究、航空体育运动与娱乐产业、观光旅游、飞行体验等航空文化新业态。

但目前，我国航空产业与文化产业的融合还处于起步阶段，其发展还存在着许多问题。除整体处于初级阶段以外，还存在航空高端业态缺失、政策和制度制约、人才短缺等问题。大力发展航空文化产业，必须注重融合服务平台的建设、良好外部环境的打造，以及具有较强竞争力的现代文化产业体系的构建，促进产业链延伸，增加航空产品的文化含量，丰富文化产业的内容。

3. 航空文化的社会作用

航空文化是人类精神宝库中的宝贵财富，通过航空文化，人们得以充分地感受自然、感受科学，促进了整个社会文明程度的提高，在一定程度上也满足了人民群众日益增长的物质文化需求，让人们获得身心的愉悦、思想的启迪、精神的振奋。航空文化在普及航空知识方面，有着不可替代的独特作用，因为它寓教于乐、寓教于"飞"，知识的传承、传播与普及使得国民的航空意识得到强化，充分意识到航空事业作为国家战略产业亟待发展。弘扬航空文化、传播航空文化，也是在激发、凝聚社会"正能量"，是一种积极的社会行为。

总的来说，航空文化的社会作用有促进文明进步、丰富人民生活、普及航空知识、强化航空意识、营造发展氛围、传播社会"正能量"。

※ 学习记忆点：航空文化的四个层级

航空文化按照文化的四层结构可划分为航空物质文化、航空制度文化、航空行为文化和航空价值观文化。

10.1.2　通用航空文化概述

通用航空文化是航空文化的重要组成部分，是人们在通用航空社会实践中产生的物质文化和精神文化的总和。通用航空文化形成的重要标志是社会的文化氛围浓厚，通用航空成为一种生活消费和生活方式，以自由飞行为核心成为一种精神享受和价值追求。

1. 通用航空文化建设的意义

通用航空文化作为当代先进文化的一部分，在人类的文化史上也是一种崭新的文化，体现着一种社会理想，充满了人们对美好生活的热切向往和为实现理想而执着追求的奋斗激情，代表了人们奋斗和前进的方向。通用航空文化的兴起符合社会主义核心价值观的要求，培育社会主义核心价值观为通用航空文化建设创造了良好的土壤和条件。通用航空文化建设，必将丰富中华民族的精神家园，丰富社会主义核心价值观，增强先进文化的凝聚力和创造力，增强中华民族的凝聚力和创造力。

（1）通用航空文化建设是发展通用航空事业和提高人民生活水平的需要

通用航空文化是发展通用航空事业的思想意识、文化观念和社会氛围，通用航空文化与通用航空事业互为表里、相辅相成，是精神与物质、灵魂与肉体的关系。通用航空事业催生通用航空文化，通用航空文化促进通用航空事业。我国的通用航空事业发展既面临难得的发展机遇，又存在着很多困难，通用航空文化的缺失是影响通航事业发展的重要因素。现在我们除了在通用航空器研发和制造方面需要突破以外，更需要传播航空文化，让更多人热爱飞行、实现飞行。这样才能促进通用航空事业的蓬勃发展，在推进经济结构转型升级的同时，满足人们的物质文化生活需求，改变人们的生活。

（2）通用航空文化建设是发展社会主义先进文化的需要

1903年，随着美国莱特兄弟制造出第一架有动力飞机，人类进入了自由飞行的阶段，航空文化由此诞生。文化属于上层建筑的范畴，经济基础决定上层建筑，经济基础是生产力与生产关系的总和。通用航空文化是生产力发展的必然结果，是当代先进文化发展的重要领域。一个时代的主流文化，一定是那个时代先进生产力的反映；一个时代的先进生产力，一定孕育出那个时代的主流文化，两者相辅相成。伴随着经济社会的全面发展，继汽车文化之后，以自由飞行为主要特征的通用航空文化正在悄悄萌芽，成为先进文化发展的一个重要领域。

（3）通用航空文化建设是实现人的自由全面发展需要

马克思主义把实现人的自由全面发展作为价值目标和崇高理想，这是衡量社会发展的最高标准。恩格斯认为，文化上的每一个进步，都是迈向自由的一步。建设通用航空文化，繁荣社会主义先进文化，符合社会主义的本质要求，能够促进人的自由全面发展，同时随着这种文化的兴起也改变了人们的生活方式。

2. 通用航空文化层级结构

通航文化作为航空文化的"子文化"，同航空文化一样，通航文化也可划分为四个层级。

（1）物质文化层

由人类自然创制的各种器物，也就是"物化的知识力量"构成。它是物质生产活动及其获得产品的总和，构成了整个文化创造的重要基础。通航物质文化是人们在通用航空实践中创造的航空产品和文化产品的总和，如航空器、周围产品、文化产品等，都属于通用航空物质文化的范畴。

（2）制度文化层

由人类在社会实践中的各种规范构成。通航制度文化是指人们在通用航空实践中的各种社会规范，如空域及飞行管理的相关法规、制度等。

（3）行为文化层

由人类在社会实践，主要是在人际交往中约定俗成的一些习惯性定势所构成。通航行为文化是人们在通用航空实践中的行为规范的活动表现，如通用航空活动、通用航空运动等。

（4）价值观文化层

由人类在社会实践及意识活动中长期演化出来的一些价值观念、审美情趣和思维方式等构成。价值观文化是文化的核心部分。通航价值观文化是由人们在通用航空实践和意识活动中形成的思想观念、价值取向、精神追求等构成的。

在通用航空文化的四个层级结构中，价值观文化居于最核心的位置，也是通用航空文化的精神根源；再往外是行为文化，由价值观文化派生而来；再往外是制度文化，体现着价值观文化的思想追求；物质文化处在最外层，是通用航空文化的具体表现。通用航空文化建设，应该以价值观文化为核心，协同推进行为文化、制度文化和物质文化建设，实现通用航空文化的发展繁荣，使通用航空文化改变人的生活，促进人的自由全面发展。

3. 通用航空文化精神特征

通用航空文化的精神特征是通用航空文化内涵的具体表现。由于历史文化与现实生活不同，不同国家的通用航空文化的精神特征会有所差异。就我国现阶段及未来一段时期而言，通用航空文化所表现的，是以人为本及"自由、平等、公正、法治"的价值导向。

（1）自由精神

在我国，谈起通用航空，人们一般会马上想起农林作业，而在美国等西方国家则首先会想起私人飞机和个人的自由飞行。出现这种情况，既与经济社会的发展条件有关，更是思想观念禁锢的结果。自由精神是通航文化的核心精神。追求自由的飞行，向往自由的生活，是人类永恒的追求，也是通航文化的核心。建设通航文化，发展通用航空事业必须倡导自由精神。

（2）探索精神

探索精神是通用航空重要的精神特征之一。通用航空的产生、发展均受人类探索未知世界、不断发明创造的欲望驱使，通用航空的诞生和发展，为人类探索天空提供了先进手段和良好条件，也使航空飞行科学、技术不断发展进步。探索的过程纵然是艰难的，但在冒险、创新、好奇心与需求的驱使下，人类不断在探索中前行，通用航空得到不断发展，人类也从中获得了自由，得到了身心的解放。随着航空技术的不断进步，人类将飞得越来越高，越来越远。人类对天空的探索永远不会停止，人类的文明也会不断地进步。

（3）创新精神

创新精神是通用航空发展的动力源泉。创新是一种时代精神，也是现代人应具备的素质，不断创新才有生命力。没有创新精神，就没有航空技术的进步，没有航空文化的繁荣。通用航空技术和通航文化，就是人类创新过程的成果，是创新活动的产物。

（4）人本精神

人本精神是通航文化重要的精神特征。通用航空以人为本，注重的是对追求自由和全面发展的人性的深切关怀。尊重人的自由、平等，发展人的个性、促进人的全面协调进步，确立以人为核心的价值理念和意识形态，是人本精神的实质内涵。以人为本的通航文化，体现了科学发展观的内在要求。

（5）开放精神

开放精神是通航文化重要的精神特征，主要体现在对空域的开放以及航空设施和相关产业的开放。美国是世界上最大的通用航空产业大国，驾机出行十分盛行，既是一种生活和休闲方式，也是一种交通模式，同时也普及了通航文化。我国建设通航文化，发展通用航空产业，必须有开放精神。除了需要加快开放低空空域，还要开放机场和相关设施。通用航空需要各类机场及空管、通信和导航等配套设施，在不影响运输飞行、军备训练的前提下应向通用航空开放。对于机场来说，向私人飞机开放也是成为地区枢纽的重要条件之一。

（6）服务精神

通航文化的服务精神，主要体现在政府的服务理念、基础设施等公共产品的提供，以及通用航空企业对客户的服务上。通用航空服务保障体系是为通用飞机飞行和通用航空运营提供加油、维修、气象、航线申报等服务保障机构的总称，由通用航空机场、固定运营基地、飞行服务站和维修站等组成。美国通用航空能够安全运行、健康发展，除了依靠其完善的规章制度和持续监督检查外，与其完善的通用航空服务保障体系密不可分。我国通用航空长期发展缓慢，服务体系不够完善是一个重要的原因。发展通用航空，必须弘扬服务精神，牢固树立服务意识。

（7）法治精神

法治精神是通航文化不可缺少的精神特征。世界发达国家通用航空的发展，都是在健全、宽松、有序的法治环境下，通过法律规范服务、保障权益，形成正确的价值导向和良好的文化氛围，实现自由飞行，促进通用航空的良性发展。没有法治精神，通用航空发展就无法可依，通航文化就难以形成。完善的法规和标准体系、国家的政策支持，是通用航空健康发展的强有力的保障，并且需要不断完善法治建设，以法治精神促进通航文化的繁荣。

※ 学习记忆点：通航文化精神特征

当前我国通航文化最主要、最核心的精神特征有七个方面，分别是自由精神、探索精神、创新精神、人本精神、开放精神、服务精神、法治精神。

4.通用航空文化建设的多种途径

发展通用航空事业，加强通用航空文化建设，通过多种途径和方法，增强国民的航空意识和政府的服务观念，形成浓厚的有利于通航产业发展的社会环境与文化氛围，能够促进通用航空产业的持续快速健康发展，发挥其带动经济、服务社会和造福人民的作用，使通用航空的普及成为全面建成小康社会的一个重要标志，具体途径如下：

①强化政府的航空意识及服务观念；

②激发国民的航空意识及参与热情；

③发挥通用航空企业的能动作用；

④发挥航空学会的桥梁作用；

⑤发挥媒体的传播作用；

⑥发挥硬件设施和软件程序的协同效应；

⑦借鉴西方国家的先进经验；

⑧以思想政治教育强化国民的航空意识；

⑨开展通用航空活动，开发航空文化产品。

5. 通用航空产业的文化建设重点

在我国现阶段，通航文化建设的重点应从通用航空制造产业和通用航空服务产业出发。

航空制造产业是以生产通用航空器（包括固定翼通用飞机、直升机、飞艇、气球、滑翔机等）及配套设施为主的产业。通用航空制造产业有着自身的特点，通过通用航空器的发展，丰富通用航空文化的表现形式，向市场和用户提供满足需要的通用航空产品，支持用户开展丰富多彩的通用航空活动，促进通用航空文化的普及和发展。通用航空制造产业的文化建设，应该突出市场文化、质量文化、效率文化。

通用航空服务产业是发挥通用航空功能，实现通用航空造福社会、改善人们生活、促进人的自由全面发展的重要载体。我国通用航空服务产业为国民经济和社会发展作出了突出的贡献，但是也存在着一些问题，制约着产业的发展，影响着通用航空文化氛围的进一步形成。建设优秀的航空文化，以文化引领产业发展，是通用航空服务产业发展的必由之路。

※ 学习记忆点：通航文化建设的重点和出发点

我国现阶段，通航文化建设的重点应从通用航空制造产业和通用航空服务产业出发。

10.1.3　通用航空文化活动及产品

开展通用航空活动和开发航空文化产品是建设通用航空文化、促进通用航空产业发展的两条非常有效的途径。通用航空活动和通用航空文化相互促进，一方面，通用航空活动传播航空知识，强化航空意识，促进了通用航空文化建设；另一方面，通用航空文化建设带动了通用航空活动的开展，为通用航空活动增加了鲜明的文化特色。由于通用航空活动的开展参与人数多、社会影响大，对促进通用航空文化建设的效果也非常突出。

1.通航文化活动的特点

通航文化活动丰富多彩、千姿百态，具有独特的航空魅力，充满积极的文化元素，彰显丰富的审美价值，是通航文化的重要载体。通航文化活动与其他文化活动相比特点很鲜明，主要有以下几点：

①"飞"字当头，处处充盈着飞行元素，随处可见飞行符号；

②以航空精神为活动的核心价值观；

③以彰显航空价值为目标追求；

④富有时代感，体现科学性；

⑤具有生动的航空形象，具有鲜明的航空特征，具有丰富的航空内涵；

⑥时尚、健康、文明；

⑦具有广泛的传播性和一定的流行性。

2.通航文化活动的类型

（1）举办航展

1909年，全世界第一个系统组织的全国性航展——巴黎航空展览会在法国问世；到了1949年，巴黎航展冲出国界，成为一项国际上的盛事。如今，巴黎航展是全球公认规模最大的航空航天集会。珠海航展是比较年轻的国际航展，又称为"中国国际航空航天博览会"（中国航展），是国务院批准的国家级博览会。

（2）开展主题飞行活动

飞行是人类共同的梦想，是未来的生活方式，往往能引起人们的高度关注。飞行也是通用航空文化最生动、最直观的表现。不管是国际著名的大型航展，还是国内举办的通用航空展览，飞行表演都是航展的特色和亮点。对一般受众而言，航展是否精彩关键看飞行表演，特技飞行表演的水平和档次代表航展的水平和档次。还有体验飞行活动也是传播航空文化知识的一个方法。

（3）举办知识讲座

近年来，通用航空越来越引起社会各界的广泛关注，政府、企业、学校和社会组织通过多种形式的讲座培育通用航空文化，促进通用航空产业发展。

（4）开展社会公益活动

通用航空产业具有社会公益性质，特别是航空医疗、应急救援、缉私巡逻等本身就属于公益性质。建设通用航空文化，需要发挥通用航空的公益特点，通过开展公益活动，强化人们的航空意识，增强航空文化的氛围。在通用航空发达国家，一些飞行员和私人飞机拥有者成立民间公益组织开展公益活动，使通用航空造福社会大众，从而在全社会形成支持通用航空发展、共享通用航空便利的浓厚氛围。

（5）运用新闻事件及名人效应

建设通用航空文化，发展通用航空事业，要善于运用新闻事件，借助新闻媒体传播渠道，利用新闻效应，积极发挥新闻宣传的价值，传播航空文化，树立航空意识，崇尚热爱航空、投身航空的行为。我国的通用航空文化和通用航空事业正处在建设初期，亟须进行正确的舆论和价值导向，选择和策划具有积极意义的新闻事件并进行传播是建设通用航空文化的重要方法。

（6）开发航空文化创意产品

航空文化创意产品是航空文化创意产业的具体形态，既是航空文化的外在表现，也是航空文化建设的重要载体，开发航空文化创意产品是加强通用航空文化建设的重要途径。航空文化创意产品是一种特殊的社会商品，是包含文化意义、社会意义在内的"意义综合体"。

3. 通航文化产品

通航文化产品（也称航空文化产品）是具有航空元素的、体现航空价值的、满足人们航空体验的，或以航空器及航空活动为主要承载形式的各类精神产品及服务。

航空文化产品的种类很多，按照文化产品的管理属性，分为以下类型。

（1）航空书刊

航空书刊又称航空读物。有航空类书籍、航空类刊物、航空类报纸等，总之，是印在纸面上的、主要以文字形式呈现的产品。包含小说、散文、诗歌、杂文、纪实文学等不同文字表述类型。

（2）航空影视

包括航空题材的电影、电视等视听结合、视听并用的文化产品，这种产品通常经过后期制作才推向市场。

（3）航空演艺

包括飞行表演、航空题材的大型实景演出、航空戏剧、航空文艺会演等现场表演艺术。

（4）航空娱乐

主要指借助航空器或以航空为主要元素的娱乐、休闲、体验等活动，即"玩航空、航空玩"。

（5）航空体育

利用航空器从事的各种飞行运动。

（6）航空旅游

搭乘航空器，以空中视角所进行的旅游观光。

（7）航空展会

以各种航空博览会、展览馆为平台所进行的航空文化活动。

（8）航空美术

主要指的是产品而非作品，作品更加强调艺术性。目前市场上销量最大的是航空工艺美术产品，比如飞机模型等。

（9）航空游戏软件

指航空题材的计算机游戏软件。

（10）航空联谊

以航空为主题的联谊活动。

通航文化产品（也称航空文化产品）就是具有航空元素的、体现航空价值的、满足人们航空体验的，或以航空器及航空活动为主要承载形式的各类精神产品及服务。

按照文化产品的管理属性，分为以下类型：

（1）航空书刊；（2）航空影视；（3）航空演艺；（4）航空娱乐；（5）航空体育；（6）航空旅游；（7）航空展会；（8）航空美术；（9）航空游戏软件；（10）航空联谊 。

中国通航文化市场具有巨大的发展空间，中国具有世界上最大的、潜在的航空文化消费群体，一旦触发将呈现"井喷式"增长。中国航空文化产品与航空发达国家相比，种类少、层次低、制作不够精致，正因如此，提升空间巨大。中国航空文化市场将聚拢一大批中高端消费者，消费能力十分可观。

10.2 工匠精神与职业素养

10.2.1 工匠精神

1. 工匠精神的定义

工匠的出现几乎与人类的历史一样久远。习近平总书记指出："人类是劳动创造的，社会是劳动创造的。"恩格斯指出，真正的劳动……是从制造工具开始的。制造工具最初是将自然之物通过人类的加工使其成为能够打猎或捕鱼的工具，即最初的手工艺，手工艺劳动不仅创造物质财富，而且创造美的享受。从磨制石器到制作玉器，大大丰富了人类的生活。如陶工所制作的陶器，从简单粗陋到不断精致化，使得陶器不仅具有实用价值，同时也具有美的欣赏价值。

在中国传统文化语境中，工匠是对所有手工艺（技艺）人，如木匠、铁匠、铜匠等的称呼。自古以来，任何一个从事工艺劳动的工匠，都是以其毕生精力献身于这一工艺领域的。随着工业化时代的到来，现代工艺已经从手工艺发展到机械技术工艺和智能技术工艺。技艺水平的发展也标志着人类文明的进步。中国自古以来就是一个工艺制造大国，无数行业工匠的创造，是灿烂的中华文明的标识。在我国的工艺文化历史上，出现过鲁班、李春、李冰、沈括这样的世界级工匠大师，还有遍及各种工艺领域里像庖丁那样手艺出神入化的普通工匠。进入现代工业社会，伴随手工艺向机械技艺以及智能技艺转换，传统手工工匠似乎远离了人们的生活，但工匠并不是消失了，而是以新的面貌出现了，即现代工业领域里的新型工匠、机械技术工匠和智能技术工匠。我国要成为世界范围内的制造强国，面临着从制造大国向智造大国的升级转换，对技能的要求直接影响到工业水准和制造水准的提升，因而更需要将中国传统文化中所深蕴的工匠文化在新时代条件下发扬光大。

2015年"五一"期间中央电视台播放8集《大国工匠》纪录片。2016年3月5日的"两会"上，李克强总理提出"培育精益求精的工匠精神"，"工匠精神"首次出现在政府报告中。

工匠精神，英文是Craftsman's spirit，是一种职业精神，指工匠对产品精雕细琢、追求极致的精神和理念。它是职业道德、职业能力、职业品质的体现，是从业者的一种职业价值取向和行为表现。

工匠精神是工匠们对自己的产品精益求精、精雕细琢、追求极致、追求完美、追求更好，努力把品质从99%提升到99.99%的精神；是工匠们执着于产品和品牌，锲而不舍、心无旁骛、专心致志的品质；是工匠们以质取胜的价值取向，以及对自己所热爱的事业无比执着的职业追求；是全社会对工匠们的敬意，以及相应较高的社会地位。

2. 工匠精神的内涵

千百年来技艺工匠的劳动实践及其生产的物质文明成果遍布人类生活以及审美的各个方面，同时在精神文明层面形成了以工匠精神为核心的工匠文化。工匠精神有着十分丰富的内涵。

（1）工匠精神首先是一种劳动精神

人民创造历史从根本上看是劳动创造历史。人类在改造自然的伟大斗争中，不断认识自然的客观规律，通过在劳动实践中不断积累实践经验与技能，从而推动历史进步和创造更为丰富的社会财富。中国梦的实现，人民群众美好生活需要的满足，都需要广大劳动人民的劳动创造。正如习近平总书记所说："用辛勤劳动创造中国人民的美好生活、创造中华民族的美好未来。"人民在创造历史的同时，也在创造自我。通过劳动实现自我价值或人生价值是工匠精神的本质内涵。劳动是人类赖以生存的根本，同时也为个人提供了实现人生价值的舞台和空间。一个人只有通过诚实劳动，才可为社会创造物质财富与精神财富，才可得到他人和社会的认可与褒奖。与此同时，实现自我人生价值目标而产生的幸福感和愉悦感，会进一步激发劳动者的创造激情，从而为社会和他人创造更为丰富的财富。工匠精神首先就是热爱劳动、专注劳动、以劳动为荣的精神。在劳动中体验和升华人生意义与价值，是工匠精神的题中应有之义。

（2）工匠精神是对职业劳动的奉献精神

几千年来从事技艺劳动的各种工匠，其社会地位并不高，然而千百年来工匠以业维生，并以技艺为立身之本，无私地奉献自己的全部心血，提高和完善自己的技艺，创造了灿烂的工匠文化。工匠精神就是干一行爱一行，在干中增长技艺与才能。发扬工匠精神，就要提高我们的爱岗敬业精神。劳动最光荣，在平凡的岗位干出不平凡的业绩，就是工匠精神的体现。无论是三峡大坝、高铁动车，还是航天飞船，都凝结着现代工匠的心血和智慧。

（3）工匠精神是一丝不苟、精益求精的精神

重细节、追求完美是工匠精神的关键要素。几千年来，我国古代工匠制造了无数精美的工艺美术品，如历代精美陶瓷以及玉器。这些精美的工艺品是古代工匠智慧的结晶，同时也是中国工匠对细节完美追求的体现。现代机械工业尤其是智能工业对细节和精度有着十分严格的要求，细节和精度决定成败。对细节与精确度的把握，是长期工艺实践和训练的结果，通过训练培养成为习惯气质、成为品格，就能从心所欲不逾矩。工匠从细处见大，在细节上没有终点。

2015年，中央电视台播出《大国工匠》纪录片，讲述24位大国工匠的动人故事。这些大国工匠令人感动的地方之一，就是他们对精度的要求。如彭祥华，能够把装填爆破药量的呈送控制在远远小于规定的最小误差之内；高凤林，我国火箭发动机焊接第一人，能把焊接误差控制在0.16毫米之内，并且将焊接停留时间从0.1秒缩短到0.01秒；胡双钱，中国大飞机项目的技师，仅凭他的双手和传统铁钻床就可产生出高精度的零部件；等等。无数动人的故事告诉人们，我国作为制造大国，弘扬工匠精神、培育大国工匠是提升我国制造品质与水平的重要环节。

（4）工匠精神的核心要素是创新精神

习近平总书记指出："创新是一个民族进步的灵魂，是一个国家兴旺发达的不竭动力。"一个民族的创新离不开技艺的创新。在现代工业条件下，对于工匠技艺的要求已经不仅仅是像传统工匠那样，只是从师傅那里学得技艺从而能够保持和发扬祖传工艺技法。实际上，传统工艺也是在传承与创新中得到

发展的，我们要将传承与创新统一起来，在传承的前提下追求创新。现代机械制造尤其是现代智能制造，对技艺提出了越来越高的难度和精度要求，不仅要有娴熟的技能，而且要求技术创新。每一款产品的开发，每一项技术的革新，每一道工艺的更新，都需要有工匠的创新技艺参与其中。《大国工匠》纪录片中的那些卓越工匠，不仅具有高超的技艺，而且具有强烈的创新意识和创新能力。高凤林在他所参与攻关的多项重大项目中，不断改进工艺措施，不断创造新工艺，不断攻克一个个难关，从而达到世界第一的水准。创新能力，不是对以往工艺墨守成规，而是对现有的生产技艺的大胆革新，给行业技艺带来突破性贡献，促进生产技艺水平提升，推动社会经济发展。

3. 工匠精神的意义

工匠精神落在个人层面，就是一种认真精神、敬业精神。工匠精神落在企业家层面，可以认为是企业家精神。工匠精神是社会文明进步的重要尺度，是中国制造前行的精神源泉，是企业竞争发展的品牌资本，是员工个人成长的道德指引。

弘扬工匠精神，是践行五大发展理念的需要，是供给侧结构性（改）革的需要，是加快转型升级的需要，是从物的现代化向人的现代化转变的需要，是新时代的使命呼唤的需要，是从中国制造到中国智造、中国创造的现实需要，是实施"一带一路"倡议，推动中国制造走出去的需要，是满足个性化定制、柔性化生产的需要。

※ 学习记忆点：工匠精神

工匠精神，英文是 Craftsman's spirit，是一种职业精神，指工匠对产品精雕细琢、追求极致的精神和理念。它是职业道德、职业能力、职业品质的体现，是从业者的一种职业价值取向和行为表现。工匠精神的核心要素是创新精神。

工匠精神不是口号，它是根植于内心的精神。没有一流的技工，就没有一流的产品。打造制造强国，离不开技能人才，尤其是作为"大国工匠"的高级技能人才。今天中国的航空人更需要坚守"工匠精神"。要始终坚持"长期奋斗、长期攻关、长期吃苦、长期奉献"，把"安专迷"（安下心来、专心致志、迷恋至深）精神融入中国航空人的血液，用"工匠精神"铸成中国航空的灵魂。

10.2.2　职业素养

1.职业素养的概念

职业素养是人类在社会活动中需要遵守的行为规范。个体行为的总和构成了自身的职业素养，职业素养是内涵，个体行为是外在表象。

职业素养主要表现在以下几类。

（1）职业道德

"职业信念"是职业素养的核心。包含了良好的职业道德、正面积极的职业心态和正确的职业价值观意识，良好的职业道德应该是爱岗、敬业、忠诚、奉献、正面、乐观、用心、开放等。

（2）职业思想（意识）

属世界观、价值观、人生观范畴的产物。从出生到退休或至死亡逐步形成，逐渐完善。

（3）职业行为习惯

职业素养就是在职场上通过长时间地"学习—改变—形成"最后变成习惯的一种职场综合素质。

（4）职业技能

"职业知识技能"是做好一个职业应该具备的专业知识和能力。俗话说"三百六十行，行行出状元"，没有过硬的专业知识，没有精湛的职业技能，就无法把一件事情做好，执行能力也是每个成功职场人必修炼的一种基本职业技能。

著名的大树理论告诉我们职业素养的重要性："每个人都是一棵树，原本都可以成为大树，而根系就是一个人的职业素养。枝、干、叶、型就是其显现出来的职业素养的表象。要想枝繁叶茂，首先必须根系发达。"

2. 大学生职业素养的自我培养

作为职业素养培养主体的大学生，在大学期间应该学会自我培养，具体表现在以下几个方面。

（1）培养职业意识

很多高中毕业生在跨进大学校门之时就认为已经完成了学习任务，在大学应尽情地"享受"，这正是他们在就业时感到压力的根源。培养职业意识就是要对自己的未来有规划。认识自己的个性，对自己的优势和不足有一个比较客观的认识，结合环境（如市场）需要确定自己的发展方向，明确职业发展目标。

（2）培养显性职业素养

配合学校的培养任务，完成知识、技能等显性职业素养的培养。学校的教学及各专业的培养方案是针对社会需要和专业需要所制定的，旨在使学生获得系统化的基础知识及专业知识，加强学生对专业的认知和知识的运用，并使学生获得学习能力、培养学习习惯。

（3）培养隐性职业素养

隐性职业素养是大学生职业素养的核心内容。如独立性、责任心、敬业精神、团队意识、职业操守等。大学生要有意识地培养职业道德、职业态度、职业作风等方面的隐性职业素养。

（4）加强自我修养

大学生职业素养的自我培养应该加强自我修养，在思想、情操、意志、体魄等方面进行自我锻炼。同时，还要培养良好的心理素质，增强应对压力和挫折的能力，善于从逆境中寻找转机。

3.高校对大学生职业素养的教育对策

为了培养大学生的职业素养，高校应该从以下几个方面着手以满足社会需要。

（1）将大学生职业素养的培养纳入大学生培养的系统工程。使高中毕业生在进入大学校门的那一天起，就明白高校与社会的关系、学习与职业的关系、自己与职业的关系。全面培养大学生的显性职业素养和隐性职业素养，并把隐性职业素养的培养作为重点。

（2）成立相关的职能部门协助大学生职业素养的培养。如以就业指导部门为基础成立大学生职业发展中心，并开设相应的课程，及时向大学生提供职业教育和实际的职业指导，最好是要配合提供相关的社会资源。

（3）深入了解学生需要，改进教学方法，提升大学生对专业学习的兴趣，满足学生对本专业各门课程的求知需求，尽可能向学生提供正确、新颖的学科信息。

4.社会资源对大学生职业素养的培养

学生职业素养的培养不能仅仅依靠学校和学生本身，社会资源的支持也很重要。很多企业都想把毕业生直接投入"使用"，却发现很困难。企业界也逐渐认识到，要想获得较好职业素养的大学毕业生，企业也应该参与大学生的培养中。可以通过以下方式来进行。

（1）企业与学校联合培养大学生，提供实习基地以及科研实验基地。

（2）企业家、专业人士走进高校，直接提供实践知识，宣传企业文化。

（3）完善社会培训机制，并走入高校对大学生进行专业的入职培训以及职业素质拓展训练等。

总之，大学生职业素养的培养是目前高等教育的重要任务之一，而这一任务的进行，需要大学生、高校及社会三方面的协同配合才能有效。而作为职业院校的大学生，重视职业技能，弘扬工匠精神，提高职业素养，是步入社会的重要前提。

※ **学习记忆点：职业素养的主要表现**

（1）职业道德；（2）职业思想（意识）；（3）职业行为习惯；（4）职业技能。

10.3　航空科普

10.3.1　航空科普启蒙

通用航空产业的发展，带动了周边新型产业服务的需求，无论是为通航产业培养优秀人才，还是创造潜在消费者，航空文化科普活动的影响力都不容小视。长期以来，我国航空业的发展以服务军事为主，为保障国家安全，参与航空研发及应用领域工作的人士多为相关领域技术人才。因此，航空领域的科学理论及文化知识未能做到向社会普及。随着通用航空的发展，群众的参与性对航空业发展的影响将不容小视。

近些年，我国航空科普的商业活动陆续出现在各地。对于航空文化科学的普及，现有的市场服务以针对青少年科学普及为主，科普活动的内容和形式大都以偏专业技能、为培养航空领域潜在专业人才为目的，例如飞行员、管制员等职业的体验。不可否认，航空文化科学的普及对培养该领域专业人才有着不可或缺的作用，但从航空产业发达国家的过往经验中可以看出，文化科学普及的意义更多是提高非专业性群体对该领域的认知水平，提高群众的参与度，并且推动少数兴趣爱好者走向专业化。

10.3.2　美国航空科普的方式

发达的通用航空产业对美国航空业的世界领先起到了举足轻重的作用。无论是在第二次世界大战人力资源的快速补充，还是对于现今美国高效的航空运行规则制定和使用，航空科学及文化知识在民间的普及不容小视。

美国在航空科普方面主要分为这几种方式：航展日科普专区；相关企业和政府机构的公益性活动；航空主题夏令营；院校活动日。航展日科普专区是以航空展览为背景，在此宣传与该地域或航展主题相关的航空文化及知识，该类科普活动所提供的信息以面向参观者、内容通俗易懂为主。相关企业和政府机构的公益性活动以推广航空类相关产品或相关行业的方式，提高参与者对航空业及其领域工作的认知程度。航空主题夏令营通常围绕航空专业性主题，服务于具有一定航空知识及文化基础的参与者，满足其深入了解和探索的需求。

近些年美国航空科普活动以脱离讲堂、接近实践为目的。例如，体验飞行、空中交通管制、航空器修复、套材飞机搭建等工作等，这些科普活动在满足参与者兴趣的同时，也在培养参与者相应的专业能力，为其在未来相关领域工作的衔接打下良好基础。

除此之外，航空主题活动的举办在推动通航商业和航空科普发展的同时，也衍生出更多的消费需求。例如，旅游、住宿、饮食和文化周边等。以美国EAA Air Venture（EAA飞来者大会）为例，该活动于每年7月的最后一周在美国威斯康星州奥什科什举办。为期一周的航空活动给这个人口约6.6万的城市带来64万游客以及高达1.7亿美元的商业收益。该市2017年生产总值约105亿美元，EAA活动一周所作出的贡献约占1.6%。

10.3.3　我国航空科普现状

我国航空科普的发展趋向于多元化。随着近些年相关院校、企业的参与，丰富了民众接触航空知识及文化的方式。市面上陆续出现专业服务于航空科普的商业性公司，更加肯定了航空科普对通航发展的积极影响。

但由于我国航空科普发展还处于初始阶段，在实际运用中也暴露出一些问题。

（1）航空科普的受众者较为单一

目前绝大多数商业航空科普活动服务对象以中、小学青少年为主。而事实上，作为一个全民普及的课题，针对不同年龄阶段、职业背景人士，都应满足其科普需求。

（2）航空科普内容单一

大多数科普活动，以飞行员知识链为主轴，仅普及飞行知识及经验。

（3）科普服务方人力方面师资力量参差不齐

介于航空科普活动的复杂性，具有飞行或运行管理经验，且在教学上具有严谨性的航空人士是最理想的服务者。但对于航空科普商业公司，雇用专业飞行员或航空管理人员，将是一笔不小的开支。因此，在现有资源配置条件下，权衡成本和员工质量则是科普企业一大难题。

（4）社会接受程度有限

受我国教育体制的影响，大多数父母更倾向于子女在高中毕业前，全身心投入高考所涉及的课程中去，而不赞同其参与无关高考的兴趣培养。人们对航空科学与文化普及的接受程度还未能和英语、机器人等并驾齐驱。

10.3.4　航空科普的发展

从服务对象上来看，未来航空科普的发展将趋于两个方向。

一是给广大群众提供基础信息，在社会中普及航空业基本概念。该方向下的科普活动以浅显易懂的方式，给人们提供基础航空知识，普及与大家生活息息相关的文化信息，以减少群众与航空业的距离感。

二是形成一个完善的科普体系，为人们提供严谨且深度化的服务。其中含专业航空理论知识、航空文化信息、相关模拟器设备、真实飞行器、机场、制造车间等。该体系用于在推广航空科普文化的同时，为未来该行业的发展培养专业人才。

航空科普的驱动力应针对我国通用航空发展遇到的瓶颈，充分发挥我国人口红利的优势，培养消费人群，培养消费习惯，增加通航的受众群体。

以家长、企业、校方、学生、政府为主体的五方动力如下。

（1）家长"望子成龙、望女成凤"，在实体经济不振的今天，唯一能让各家庭不吝重金投入的就是孩子的教育事宜。若学生在航空领域获得了某些奖项，则有机会获得优质大学的提前批次录取，或获得其他加分项，那么对中国家长来讲极具有吸引力。

（2）再说企业，根据相关统计数据显示，2016年全国科普经费筹集额达

151.98亿元。这块百亿级的科普经费也是企业不会错过的一块蛋糕，何况在用户为王、流量为王、通过大数据分析引导消费的今天，有了客流量，商家可以更好地挖掘消费者需求。

（3）针对学校或者老师群体，教育部印发《中小学综合实践活动课程指导纲要》，指出综合实践活动是12年基础教育规定的必修课程，与学科课程并列设置，综合实践课程将由地方统筹管理和指导，具体内容以学校开发为主，并给予相关政策、场地、资金支持，同时与教师职称晋升和岗位聘任相挂钩。这将大大增加各校与众多教师对实践课程的关注度，而航空科普活动，就是综合实践课程可选的领域之一。

（4）针对学生主体，课业繁重的当下，他们十分渴望解放天性的机会，综合实践课程的开展，则让"因材施教""有教无类"有机会实践，学校与家长应当通过开展综合实践课程，发现孩子的天分，发挥孩子的特长，引导孩子有侧重点地发展。

（5）针对地方政府而言，尤其是一些拥有通用机场却飞行量不足的地方，提升通用机场的利用率，让机场能够正常稳定地市场化运营，进行自输血、自循环，也是一个值得研究的领域。若航空科普活动能借综合实践课程的东风大规模开展，则机场也可以自给自足。

航空科普的实施，对家长来说，是让孩子在寓教于乐中成长，甚至在高考的独木桥中另辟蹊径的道路；从企业来看，是深挖消费需求的机遇；对老师而言，是挂钩职称晋升和岗位聘任的机会；对孩子来讲，是解放天性的日子；对政府方面，是减少包袱、增加税收的渠道。

因此，航空科普活动的未来发展充满了动力。

※ 学习记忆点：航空科普

　　1.我国航空科普存在的问题：（1）航空科普的受众者较为单一；（2）航空科普内容单一；（3）科普服务方人力方面师资力量参差不齐；（4）社会接受程度有限。

　　2.航空科普的驱动力：以家长、企业、校方、学生、政府为主体的五方动力。

※　课后习题

1.航空文化的四个层级是什么？

2.通航文化精神有哪些特征？（至少列举四个）

3.通航文化建设的重点和出发点是什么？

4.通航文化产品有哪些类型？（至少列举四个）

5.结合自己所学专业，谈谈对工匠精神的认识。

6.职业素养的主要表现类型有哪些？

7.发展航空科普的五大动力是什么？

参考文献

[1] 贾永红. 航空航天概论 [M].4 版. 北京：北京航空航天大学出版社，2017.

[2] 丁邦昕. 民航飞行员培训 [M].北京：航空工业出版社，2016.

[3] 卢娜，张亮. 通用航空概论 [M].北京：中国民航出版社，2017.

[4] 国家体育总局航空无线电模型运动管理中心，中国航空运动协会. 初级飞机与滑翔机理论培训教程 [M].北京：中国民航出版社，2017.

[5] 罗伯特·杰克逊. 世界航空史 [M].李志涛，译. 北京：北京航空航天大学出版社，2021.

[6] 中国航空运输协会通用航空分会. 2020—2021中国通用航空发展报告 [R].2021.

[7] 中国民用航空局."十四五"民用航空发展规划 [R]. 2022.

[8] 吕人力. 中国通用航空蓝皮书：中国通用航空业研究报告（2019）[M]. 北京：中国民航出版社，2019.

[9] 中国民航管理干部学院，浙江建德通用航空研究院.中国民用无人机蓝皮书——中国民用无人机年度发展研究报告 [M].北京：中国民航出版社有限公司，2020.

[10] 通用航空制造商协会（GAMA）. 2021 Annual Data[EB/OL].（2022-04-21）https：//gama.aero/facts-and-statistics/statistical-databook-and-industry-outlook/202annual-data/.

[11] 国家质量技术监督局.通用航空机场设备设施 [S].北京：中国标准出版社，2000.

[12] 中国民用航空局.通用机场建设规范（MH/T 5026-2012）[S].2012.

[13] 中国民用航空局.通用机场管理规定（CCAR-138）（征求意见稿）[Z]. 2021.

[14] 中国民用航空局.通用机场建设指南（征求意见稿）[Z]. 2021.

[15] 中国民用航空局.通用机场分类管理办法 [Z]. 2017.

[16] 中民正阳通用航空机场投资有限公司.中国通用机场的发展历程回顾及前景展望[EB/OL].（2019-10-31）http：//www.zenisunheliport.com/article-33556

–53150. html.

[17] 前瞻产业研究院.中国通用航空业市场前瞻与投资战略规划分析报告 [Z].
2020.

[18] 中国社会科学网.工匠精神及其当代意义 [EB/OL].（2021-01-18）https：//
baijiahao. baidu. com/s？ id=1689186045533539024&wfr=spider&for=pc.

[19] 中国商飞.大飞机事业呼唤工匠精神 [EB/OL].（2016-03-22）http ://www.
comac.cc/xwzx/gsxw/201603/22/t20160322_3625936. shtml.

[20] 吕人力.中国通用航空蓝皮书:中国通用航空业研究报告（2020）[M]. 北京:
中国民航出版社，2020.

[21] 影剑桥.开展航空科普驱动力何在 [Z].2018.

[22] 薛海鹏.中国式 FBO 的进阶之路 [J].今日民航，2019(2)：24-29.

[23] 孙昊牧.国外 FBO 发展的经验与趋势 [J].今日民航，2019(2)：48-55.

[24] 张翠翠.国内外对比谈 FBO 发展及融资途径 [J].中国民用航空，2013(3)：
24-26.

[25] 夏梦沁，刘敏，顾晓.通用航空固定运营基地的运营模式分析 [J].中外企业
家，2016(5)：35-36.

[26] 王霞，陈兆鹏，韩莎莎.通用航空的基石:FBO[M].北京：航空工业出版社，
2014.

[27] 胥郁，李向新.通用航空概论 [M].北京:化学工业出版社，2018.

[28] 覃睿，赵嶷飞，黄燕晓.现代通用航空基础与实务 [M].北京:科学出版社，
2014.

[29] 中国民用航空局航空安全办公室，中国民航管理干部学院.通用航空安全读
本 [M].北京:中国民航出版社有限公司，2020.

[30] 吕文涛，白立涛，李维强，蒋武林.新形势下第三方 MRO 面临的机遇与挑战
[J].航空维修与工程，2022(03)：12-14.

[31] 王琳锋，陈伟，任淑霞，宋可为.2021—2031 年全球民用航空 MRO 市场预

测 [J].航空维修与工程，2021(06)：20-22.

[32] Lee Ann Shay，郭志帅.新冠疫情下的全球 MRO 市场 [J].航空维修与工程，
2021(03)：10-14.

[33] 孙立.新冠疫情对中国民航 MRO 业的影响 [J].航空维修与工程，2020(03)：
20-22.

[34] 奥纬咨询公司发布未来十年全球民航业及 MRO 领域发展前景预测报告 [J].航
空维修与工程，2020(03)：25.

[35] Lee Ann Shay.2020年全球各地 MRO 市场预测 [J].航空维修与工程，
2020(01)：20.

[36] 韩建昌.我国通用航空文化建设研究 [D].西安：西北工业大学，2016.

[37] 韩建昌，秦燕.通用航空文化的精神特征及其社会价值 [J].西北工业大学学
报（社会科学版），2014(03)：70-74.

[38] 侯燕.航空产业与文化产业的融合发展研究 [J].中共郑州市委党校学报，
2020(01)：58-61.